# Marketing der Zukunft

Das Marketing, so wie wir es heute kennen, ist von gestern. Wie das *Marketing der Zukunft* aussieht, zeigt das Autorenteam um Marketing-Guru Philip Kotler. Die Autoren beschreiben den Weg vom klassischen Marketingmodell des Make-and-Sell-Marketing zum zukunftsfähigen Sense-and-Response-Marketing. Die Überlegungen in diesem Strategiebuch für das Marketing sind einzigartig: Immer öfter übernehmen die Kundinnen und Kunden klassische Aufgaben des Marketing. Sie stellen sich Produkte zusammen, definieren Preise in einer offenen Kommunikation und bestimmen selbst, welche Werbebotschaften sie empfangen möchten und welche nicht. Wer die Zukunft des Marketing mitgestalten will, muss dieses Buch kennen.

*Philip Kotler* ist Professor an der *Kellogg School of Management*, Chicago. Er gilt als der renommierteste Experte im Bereich Marketing weltweit.

*Dipak C. Jain* ist Dekan an der *Kellogg School of Management*, Chicago.

*Suvit Maesincee* ist Professor an dem *Sasin Graduate Institute of Business Administration* an der *Chulalongkorn Universität* in Bangkok, Thailand.

Philip Kotler, Dipak C. Jain, Suvit Maesincee

# Marketing der Zukunft

Mit »Sense and Response«
zu mehr Wachstum und Gewinn

Aus dem Englischen von Maria Bühler

Campus Verlag
Frankfurt/New York

Die amerikanische Originalausgabe »Marketing Moves« erschien 2002 bei Harvard Business School Press.
Original work copyright © 2002 by Harvard Business School Publishing Corporation.
Published by arrangement with Harvard Business School Press.

Die Deutsche Bibliothek – CIP-Einheitsaufnahme

Ein Titeldatensatz für diese Publikation ist bei
Der Deutschen Bibliothek erhältlich.
ISBN 3-593-37077-8

Copyright © 2002. Alle deutschsprachigen Rechte bei Campus Verlag GmbH, Frankfurt/Main
Umschlaggestaltung: Guido Klütsch, Köln
Satz: Leingärtner, Nabburg
Druck und Bindung: Druckhaus »Thomas Müntzer«, Bad Langensalza
Gedruckt auf säurefreiem und chlorfrei gebleichtem Papier.
Printed in Germany

**Besuchen Sie uns im Internet: www.campus.de**

Für meine Frau Nancy, meine Töchter Amy, Melissa und Jessica
und meine Schwiegersöhne Joel, Steve und Dan – in Liebe.
*Von Philip Kotler*

Für meine Eltern, meine Frau Sushant
und meine Kinder Dhwani, Kalash und Muskaan.
*Von Dipak Jain*

Für meine Frau Pagagrong und meine Töchter Erica und Daral.
*Von Suvit Maesincee*

# Inhalt

Vorwort . . . . . . . . . . . . . . . . . . . . . . . . . . . . . . . 11

## Teil I: Der Wandel des Marketing in der digitalen Wirtschaft

1. Marketing als der Motor . . . . . . . . . . . . . . . . . . . . 19

   Was ist neu in der digitalen Wirtschaft? . . . . . . . . . . . . . . 23

   Verbraucher und Unternehmen erlangen neue Vorteile . . . . . . . . 34

   Werttreiber . . . . . . . . . . . . . . . . . . . . . . . . . . . 38

   Ein neues Marketingparadigma . . . . . . . . . . . . . . . . . 47

   Das ganzheitliche Marketing . . . . . . . . . . . . . . . . . . . 50

   Wettbewerbsfähige Plattformen . . . . . . . . . . . . . . . . . 53

   Schlussfolgerung . . . . . . . . . . . . . . . . . . . . . . . . 55

   Fragen an Ihr Unternehmen . . . . . . . . . . . . . . . . . . . 56

2. Neue Denkmodelle im Marketing . . . . . . . . . . . . . . . 57

   Wer betreibt die Wertschöpfung in der digitalen Wirtschaft? . . . . . . 57

   Verlagerungen im strategischen Marketing . . . . . . . . . . . . . 63

   Rollentausch im Marketing . . . . . . . . . . . . . . . . . . . . 67

Der kognitive Raum des Kunden . . . . . . . . . . . . . . . . . . . 71

Der Kompetenzraum des Unternehmens . . . . . . . . . . . . . . 74

Der Ressourcenraum der Partner . . . . . . . . . . . . . . . . . . 77

Das Umfeld der Markterneuerung . . . . . . . . . . . . . . . . . . 79

Fragen an Ihr Unternehmen . . . . . . . . . . . . . . . . . . . . . 80

## Teil II: Die Entwicklung wettbewerbsfähiger Plattformen

3.  Die Suche nach neuen Marktchancen . . . . . . . . . . . . . 85

Neue Nutzenangebote  . . . . . . . . . . . . . . . . . . . . . . . 85

Neuausrichtung des Geschäftskontextes . . . . . . . . . . . . . . 90

Neue Kooperationsmöglichkeiten im Ressourcenraum der Partner  . 96

Entwicklung eines Rahmens für die Unternehmensorganisation . . . 99

Fragen an Ihr Unternehmen . . . . . . . . . . . . . . . . . . . . 101


4.  Erfolgreiche Produktinnovationen . . . . . . . . . . . . . . . 103

Die Vielfalt möglicher Marktangebote . . . . . . . . . . . . . . . 104

Die Entwicklung neuer Produkte . . . . . . . . . . . . . . . . . . 107

Die Erstellung einer Choice Map  . . . . . . . . . . . . . . . . . 108

Choice Boards . . . . . . . . . . . . . . . . . . . . . . . . . . . 115

Das richtige Nutzenangebot . . . . . . . . . . . . . . . . . . . . 120

Fragen an Ihr Unternehmen . . . . . . . . . . . . . . . . . . . . 125


5.  Die Geschäftsarchitektur . . . . . . . . . . . . . . . . . . . . 127

Allgemeine Geschäftsmodelle . . . . . . . . . . . . . . . . . . . 129

Erweiterte B2C-Geschäftsmodelle . . . . . . . . . . . . . . . . . 131

Erweiterte B2B-Geschäftsmodelle  . . . . . . . . . . . . . . . . . 136

Die Zukunft der B2B-Märkte . . . . . . . . . . . . . . . . . . . 141

Fragen an Ihr Unternehmen . . . . . . . . . . . . . . . . . . . . 142

6. Anforderungen an die Infrastruktur . . . . . . . . . . . . . . . 143

Kundenmanagement . . . . . . . . . . . . . . . . . . . . . 144

Internes Ressourcenmanagement . . . . . . . . . . . . . . . . . 158

Anwendungen zur funktionsübergreifenden Integration . . . . . . . . 164

Fragen an Ihr Unternehmen . . . . . . . . . . . . . . . . . . . . 165


7. Die Integration der Marketingaktivitäten . . . . . . . . . . . 167

Management der Vertriebskanäle . . . . . . . . . . . . . . . . 169

Attraktive und effektive Firmenwebsites . . . . . . . . . . . . . 170

Auswirkungen auf die Werbung . . . . . . . . . . . . . . . . . 178

Die Preisgestaltung . . . . . . . . . . . . . . . . . . . . . . 184

Fragen an Ihr Unternehmen . . . . . . . . . . . . . . . . . . . . 187


8. Der Entwurf der Organisationsmodelle . . . . . . . . . . . 189

Verkürzung der Markteinführungszeiten . . . . . . . . . . . . . 190

Die Straffung des Order-to-Delivery-Prozesses . . . . . . . . . . . 191

Verschiedene Organisationsmodelle . . . . . . . . . . . . . . . 192

Das Zögern vor dem Schritt ins Internet . . . . . . . . . . . . . 196

Fragen an Ihr Unternehmen . . . . . . . . . . . . . . . . . . . . 197


9. Wachstum und Gewinne durch Markterneuerung . . . . . . 199

Das richtige Einnahmenmodell . . . . . . . . . . . . . . . . . 199

Vor der Markterneuerung steht die organisatorische Erneuerung . . 205

Schlussfolgerung . . . . . . . . . . . . . . . . . . . . . . . 212

Fragen an Ihr Unternehmen . . . . . . . . . . . . . . . . . . . . 216


Danksagung . . . . . . . . . . . . . . . . . . . . . . . . . . 217

Anmerkungen . . . . . . . . . . . . . . . . . . . . . . . . . 219

Nachwort zur deutschen Ausgabe . . . . . . . . . . . . . . . . 237

Firmenregister . . . . . . . . . . . . . . . . . . . . . . . . 245

# Vorwort

Die Märkte befinden sich in einem ständigen Umbruch. Preisbewusste Kunden, neue Konkurrenten, neue Vertriebswege, noch nie da gewesene Kommunikationskanäle, das Internet, der mobile Handel, die Globalisierung, Deregulierung und Privatisierung… die Liste der Ursachen für die Veränderungen ließe sich fortsetzen. Der Wandel vollzieht sich aber nicht nur auf den Märkten, sondern auch bei den zugrunde liegenden Technologien: E-Commerce, E-Mail, Handys, Faxgeräte, Vertriebsinformationssysteme, Kabelfernsehen und Videokonferenzen seien hier nur als einige Beispiele genannt. Die Unternehmen müssen die revolutionären Auswirkungen dieser neuen Technologien erkennen und in ihr Kalkül einbeziehen.

Ebenso müssen die Unternehmen die Chancen und Gefahren der Globalisierung erkennen. Auslandsmärkte bieten ihnen einerseits günstige Beschaffungsquellen und andererseits lukrative Absatzmärkte. Gleichzeitig bergen sie aber auch Risiken, weil sich die Gesetze, Sprachen, Geschäftsziele und Zuliefersysteme oft sehr unterscheiden.

Das Hauptproblem in der heutigen Wirtschaft besteht darin, dass die meisten Branchen weltweit unter Überkapazitäten leiden. Nicht die Produkte sind knapp, sondern die Kunden. Das heißt also: Nicht das Angebot, sondern die Nachfrage stellt ein Problem dar. So entsteht ein scharfer Wettbewerb, in dem die Unternehmen mit zu vielen Waren um die Gunst zu weniger Kunden konkurrieren. Gleichzeitig werden sich die meisten Produkte und Dienstleistungen immer ähnlicher. Die unausweichliche Folge: Ein gnadenloser Preiskampf findet statt, der in einer steigenden Zahl von Firmenpleiten mündet.

Das Internet, die neuen Technologien und die Globalisierung haben eine neue Wirtschaftsordnung hervorgebracht. Basierte die Wirtschaft bisher auf dem bestmöglichen Management der Fertigungsindustrien, steht im Zentrum der neuen Ordnung das Management von Informationen und Informationsindustrien. In der New Economy gilt der Grundsatz, dass sich die Wettbewerber mit den besten Informationssystemen und Marktkenntnissen letztlich durchsetzen. Deshalb überrascht es nicht, wenn viele Unternehmen ihre Geschäftsbereiche möglichst rasch digitalisieren, um Kosten einzusparen, ihre Marktreichweite zu erweitern und die Marktdurchdringung zu beschleunigen.

Das Internet hat sowohl Verbrauchern wie auch Herstellern neue Möglichkeiten eröffnet. War bisher das Unternehmen der Jäger, der auf Kundenfang ging, hat sich diese Rollenverteilung umgekehrt: Der Verbraucher wählt ein Unternehmen aus, teilt ihm seine Wünsche mit, nennt den für ihn akzeptablen Preis sowie seine bevorzugten Liefermodalitäten und entscheidet darüber, ob das Unternehmen ihm Informationsmaterial und Werbebotschaften schicken darf.

Aber damit ist die Old Economy nicht ausradiert. Die heutige Wirtschaft stellt eine Mischung aus Altem und Neuem dar. Die meisten Fähigkeiten und Kompetenzen, die sich in der Vergangenheit bewährt haben, sind weiterhin unverzichtbar. Aber gleichzeitig müssen die Unternehmen auch neue Denkmodelle und Fertigkeiten entwickeln, wenn sie in Zukunft noch florieren wollen.

Letztlich liegt das Problem darin, dass sich die Märkte schneller ändern als das Marketing. Das klassische Marketingmodell muss deshalb für die Zukunft gerüstet werden. Es muss in einer Runderneuerung in seine einzelnen Bestandteile zerlegt, neu definiert und dann wieder zusammengebaut werden. Die Zeiten sind vorbei, in denen die einzige Aufgabe der Marketingabteilung darin bestand, für den Absatz der hergestellten Produkte zu sorgen, also klassisches Make-and-Sell-Marketing zu betreiben. Die Marketingverantwortlichen müssen heute immer stärker in die Entscheidung darüber einbezogen werden, welche Produkte überhaupt hergestellt werden sollen. Clevere Firmenchefs verlegen sich deshalb auf das so genannte Sense-and-Response-Marketing: Sie finden zuerst heraus, was sich die Verbraucher wünschen, und stellen es dann her.

Im Gegensatz zur Vergangenheit müssen die Unternehmen heute zunehmend an die Bequemlichkeit ihrer Kunden denken: Diese möchten möglichst wenig Zeit und Energie dafür aufwenden, um Produkte auszuwählen, zu bestellen und entgegenzunehmen. Die Unternehmen sind deshalb gezwungen, ihre verschiedenen Ansprechpartner (Lieferanten, Händler, Mitarbeiter und Online-Communitys) weit mehr als bisher in ihre Abläufe einzubeziehen, um die Erwartungen ihrer Kunden möglichst optimal und gleichzeitig kosteneffektiv zu erfüllen. Dabei treffen sie auf zwei Grundtendenzen: die von der Anbieterseite ausgehende Standardisierung des Angebots und die von der Nachfrageseite ausgehende Individualisierung.

Die Unternehmen müssen sich von ihrer Produktorientierung lösen und zur Kundenorientierung finden. Ihre Marketingaktivitäten konzentrieren sich dabei zunehmend auf das Kundenmanagement. Dazu benötigen die Unternehmen neue Fertigkeiten, denn sie müssen die Kundenprofitabilität und den Wert einer lebenslangen Kundenbeziehung messen, Up-Selling und Cross-Selling betreiben, Kundendatenbanken geschickt auswerten und Werbebotschaften und Angebote auf einzelne Kunden oder Kundengruppen abstimmen.

Die Marketingstrategie muss dabei immer im Kontext der Unternehmensstrategie entwickelt werden. Betrachtet man die Schaffung neuer Werte für die Kunden als Aufgabe des Marketing, wächst sein Einfluss im Unternehmen beträchtlich. Wir glauben sogar, dass das Marketing in der digitalen Wirtschaft der Motor der Unternehmensstrategie sein sollte. Um sich im digitalen Zeitalter erfolgreich behaupten zu können, benötigen die Unternehmen ein neues Denkmodell für ihre Aufgaben – insbesondere für ihr Marketing.

In *Marketing der Zukunft* stellen wir einen neuen Rahmen für die Umsetzung der Marketingstrategien und Geschäftsabläufe vor. Nachdem das reine Verkaufskonzept und das daran anschließende Marketingkonzept ausgedient haben, gilt es, diese Modelle durch das ganzheitliche Marketingkonzept zu ersetzen. In diesem ganzheitlichen Rahmen werden drei Aufgaben integriert: das Nachfragemanagement, das Ressourcenmanagement und das Netzwerkmanagement. Die Marketingaktivitäten bewegen sich dann auf vier Plattformen, nämlich der Plattform der Marktangebote, der Marketingaktivitäten, der Geschäftsarchitektur und der operativen Systeme. Die Marktangebote und die Geschäftsarchitektur können als Umsatzfaktoren, die Marketingaktivitäten und operativen Systeme dagegen als Kostenfaktoren betrachtet werden. Manager, die sich dem ganzheitlichen Marketing verschrieben haben, verfügen über ein hervorragendes Wertenetzwerk. In diesem Netzwerk integrieren sie alle Schritte von der Entwicklung bis zur Bereitstellung der Angebote und garantieren hohe Qualität bei exzellentem Service und schnellstmöglichem Tempo.

Wir hoffen, dass dieses Buch den Unternehmen helfen wird, die folgenden grundsätzlichen Aufgaben zu bewältigen:

- Sie müssen neue Möglichkeiten der Wertschöpfung erkennen, um mit ihnen die Erneuerung der Märkte voranzutreiben.
- Sie müssen vielversprechende neue Wertangebote effizient aufbauen.
- Sie müssen ihre Fähigkeiten und ihre Infrastruktur nutzen, um die neuen Wertangebote effizient auf den Markt zu bringen.

# TEIL I
# Der Wandel des Marketing in der digitalen Wirtschaft

# 1. Marketing als der Motor

In der Betrachtungsweise der Unternehmens- und Marketingstrategen vollzieht sich derzeit ein gravierender Wandel. Das zeigt sich an den folgenden Aussagen amerikanischer Konzernlenker:

Von Zeit zu Zeit werden neue Technologien oder Ideen entwickelt, die so tiefgreifend, so gewaltig, so umfassend sind, dass sie alles verändern. Nehmen Sie etwa die Druckerpresse, die Glühbirne, das Auto oder den bemannten Raumflug. Es geschieht nicht oft – aber wenn, dann ändert sich die Welt für immer.[1]

Lou Gerstner, Chairman von *IBM*

Seien Sie offen für das Internet! Erneuern Sie Ihren Geschäftsbereich und legen Sie mir einen Plan vor, der sich nicht in der Einrichtung einer neuen Website erschöpft![2]

Jack Welch, ehemaliger CEO von *General Electric*

Das Internet ist viel mehr als ein neuer Vertriebskanal oder ein neues Werbemedium. Es ist ein Werkzeug, mit dem Sie alles erneuern können: wie Sie Geschäfte betreiben, wie Sie Aufträge abwickeln und wie Sie Ihren Kunden Werte anbieten.[3]

Esther Dyson, Chairman von *EDventure Holdings Inc.*

Diesen Managern sind die möglichen Auswirkungen des Internets auf ihre Marktposition und ihre Geschäftsaktivitäten bewusst. Aber das Internet stellt nur eine der technischen Entwicklungen dar, welche die Märkte und das Geschäftsleben derzeit radikal umgestalten. Eine wichtige Rolle spielen auch die Biotechnologie, neue Werkstoffe, neue medizinische Behandlungsmöglichkeiten, Fortschritte in der Kommunikationstechnologie und intelligente Chips. Die Globalisierung ist eine weitere Kraft, die unser Leben wesentlich beeinflusst. Verbraucher lernen neue Lebensstile und Konsumgewohnheiten in anderen Ländern kennen und entwickeln dabei neue Wünsche. Immer mehr Unternehmen reagieren darauf, indem sie ihre globale Reichweite erweitern, um die neuen Begehrlichkeiten zu befriedigen. Die Deregulierung und Privatisierung sind weitere Kräfte, die neue Märkte eröffnen und immense Chancen schaffen.

Vor dem Hintergrund dieser Veränderungen haben sich die Begriffe der Old Economy und der New Economy herausgebildet. Die Old Economy wird als Wirtschaftsordnung definiert, die auf den Fertigungsindustrien basiert und in der die Fabriken nach bestimmten bewährten Grundsätzen und Methoden geführt werden. Hier versuchen die Unternehmen ihre Produkte zu standardisieren, um die Kosten zu senken, und sie wollen expandieren und ihre Märkte erweitern, um sich Größenvorteile zu sichern. Agieren sie auf verschiedenen Märkten, streben sie dabei möglichst einheitliche Abläufe und Vertriebsmechanismen an. Ihr Leitprinzip lautet, eine möglichst hohe Effizienz zu erreichen. Zu diesem Zweck führen sie ihre Unternehmen hierarchisch, mit einem Chef an der Spitze, der den mittleren Managern Anweisungen erteilt, die wiederum ihre Untergebenen anweisen. Typisch für solche Unternehmen sind zentrale Strukturen und umfangreiche Regelwerke.

Die New Economy – auch die digitale Wirtschaft genannt – basiert dagegen auf der digitalen Revolution und dem Management der Informationsindustrien. Informationen treten dabei in ganz unterschiedlichen Formen auf. Sie können sehr differenziert, individuell angepasst und personalisiert sein. Sie erreichen innerhalb kürzester Zeit eine große Zahl von Menschen innerhalb eines Netzwerks. Je mehr Informationen öffentlich zugänglich und transparent werden, desto besser sind die Menschen informiert, sodass sie fundiertere Entscheidungen treffen können. Unternehmen in der New Economy sind meist flach, dezentralisiert und erwarten von ihren Mitarbeitern Eigeninitiative.

Die heutige Wirtschaft stellt eine Mischung aus Alt und Neu dar. Sie könnte durchaus auch die »jetzige« oder die »nächste« Wirtschaft genannt werden. Lou Gerstner von *IBM* wiederholte jüngst seine Aussage vom Anfang dieses Kapitels und sagte: »Es gibt keine New Economy ... Wir schlagen immer noch dieselbe Schlacht, nur hat mittlerweile jemand das Schießpulver erfunden.«[4] Die Unternehmen benötigen also die Fähigkeiten und Kompetenzen, die sie in der Vergangenheit erfolgreich gemacht haben, zum größten Teil auch weiterhin. Aber um weiter zu florieren, müssen sie zusätzlich neue Fertigkeiten entwickeln. Sie müssen ihre Unternehmensstrategie grundsätzlich überdenken und sie mit ihren Marketingstrategien in Einklang bringen, während sie die Rolle des Marketing neu definieren. In den folgenden Kapiteln erläutern wir, warum die Unternehmen einen ganzheitlichen Marketingprozess benötigen, wenn sie neue Werte für ihre Kunden erkennen, entwickeln und anbieten wollen. Wir sind davon überzeugt, dass dem Marketing bei der Entwicklung der neuen Unternehmensstrategie eine Hauptrolle zufällt.

US-Firmen ändern ihre Denkmodelle nicht zum ersten Mal. Vor Jahren, als die amerikanische Öffentlichkeit die hohe Qualität vieler japanischer und europäischer Produkte zu honorieren begann, brachten die US-Unternehmen ihre Qualitätsstandards und Produktionsmethoden schleunigst auf den neuesten Stand. Sie führten das

Total Quality Management und Benchmarking ein, besannen sich auf ihre Kerngeschäfte und vergaben die anderen Aufgaben an Fremdfirmen, verkürzten die Zykluszeiten und gestalteten ihre Geschäftsprozesse um. Die Aufgabe der Unternehmenserneuerung lag dabei in den Händen von Ingenieuren und Produktionsmanagern.

Mit dem Beginn des Informationszeitalters stand eine erneute Revidierung der betrieblichen Vorgehensweise an. Die Unternehmen mussten hohe Investitionen in Informationstechnologien und Netzwerke beschließen. In vielen Fällen stellten sie die Investitionen in Anlagen und Maschinen weit in den Schatten. Der rasante Aufstieg reiner Internetfirmen in den neunziger Jahren überraschte diese Unternehmen völlig. Wie gelähmt beobachteten sie, wie die Dot.com-Firmen einen völlig neuen Marktraum – einen virtuellen Marktplatz – schufen. Fassungslos nahmen sie zur Kenntnis, wie die Börsenwerte von *America Online*, *Amazon*, *Yahoo!*, *eBay* oder *E\*Trade* diejenigen von *Kodak*, *Gillette*, *American Airlines* und anderen Großkonzernen überflügelten.

Als die Dot.com-Blase platzte, reagierten viele dieser etablierten Firmen mit Erleichterung. Der Club der Milliardenverlierer, der »90-Prozent-Club«, erhielt reichlichen Zulauf, benannt nach Pechvögeln wie Jay Walker, Gründer von *Priceline.com*, der über 90 Prozent seines Vermögens im Dot.com-Crash verlor. Dennoch geht heute niemand davon aus, dass der neue Marktraum nur ein Modetrend war. Ganz im Gegenteil: Viele etablierte Unternehmen rechnen sich nun hervorragende Chancen aus, das Internet zu ihrem Vorteil einzusetzen. Viele gliedern nun in zügigem Tempo den elektronischen Handel, die elektronische Beschaffung, die Personalrekrutierung und Weiterbildung im Internet in ihr Tagesgeschäft ein. Die Märkte sind im Informationszeitalter außerordentlich hart umkämpft. Die Käufer können sich leichter denn je über Konkur-

*Käfer können Konkurrenten besser vergleichen und werden so anspruchsvolle*

renzangebote informieren und sind preisbewusster und anspruchs-
voller als in der Vergangenheit. Die Macht hat sich von den Herstellern und Händlern auf die Verbraucher verlagert, die ihre Bedingungen jetzt in vielen Fällen diktieren können. Die Konsumenten
erwarten, dass Produkte, Preise, Vertriebswege und sogar Werbeaktionen individuell auf sie zugeschnitten werden.

Die digitale Wirtschaft hat ein Stadium erreicht, in dem Unternehmen ihren Tätigkeitsbereich und den Umfang ihrer Märkte überdenken müssen. Sie brauchen neue Marketingkonzepte, Fähigkeiten
und Vernetzungsmöglichkeiten, wie sie in einer konventionellen
Marketingabteilung niemals möglich wären. Die Macht und der
Einfluss des Marketing wachsen dabei zwangsläufig. Die Unternehmen stehen wieder einmal vor einem Imperativ der Erneuerung, der
über ihr Schicksal in der New Economy entscheiden wird.

In diesem Kapitel untersuchen wir zunächst die wichtigsten Veränderungen in der digitalen Wirtschaft, in der die Branchengrenzen neu
gezogen werden und die Verbraucher neue Macht gewinnen. Wir
beschreiben, welche Fähigkeiten und Möglichkeiten den Verbrauchern und Firmen daraus erwachsen und wie die Unternehmen ihre
Denkmodelle darauf abstimmen. Wir zeigen, wie sich das Marketing
im Kontext der digitalen Wirtschaft verändert. Schließlich beschreiben wir das Modell des neuen ganzheitlichen Marketingkonzeptes.

# Was ist neu in der digitalen Wirtschaft?

Unternehmen müssen neun wichtige Veränderungen zur Kenntnis
nehmen, wollen sie sich in der digitalen Wirtschaft erfolgreich
durchsetzen.

- Von einseitig verteilten zu allgemein zugänglichen Informationen
- Von Produkten für Wohlhabende zu Produkten für alle
- Vom Make-and-Sell- zum Sense-and-Respond-Konzept
- Von der lokalen zur globalen Wirtschaft
- Vom Gesetz der abnehmenden zum Gesetz der zunehmenden Skalenerträge
- Vom Eigentum zum zeitlich begrenzten Zugang
- Von der Unternehmensführung zur Marktführung
- Vom Massenmarkt zu Märkten, die aus einzelnen Kunden bestehen
- Von Just-in-Time- zu Echtzeitprozessen

## Von einseitig verteilten zu allgemein zugänglichen Informationen

Glaubt man den Wirtschaftswissenschaftlern, stellt der freie Markt den bestmöglichen Mechanismus für die optimale Verteilung von Ressourcen dar, sofern alle Marktteilnehmer über dieselben Informationen verfügen und ihre Marktmacht und Mobilität ebenfalls vergleichbar sind. Diese Annahmen sind jedoch in der Realität eher selten gegeben. In der Regel verfügen die Anbieter über bessere Informationen als die Verbraucher. Die Kunden sind relativ schlecht informiert, wichtige Informationen werden vom Hersteller kontrolliert, und Beziehungen werden vom Hersteller initiiert. Das Ergebnis ist ein monopolistischer Wettbewerb, in dem die Anbieter die Bedingungen diktieren, während die Verbraucher auf Informationsquellen wie die Markenbekanntheit, den Unternehmensruf und die Werbung angewiesen sind.

Die digitalen Technologien bereiten diesem Ungleichgewicht der Macht und des Informationszugangs ein Ende. Es gibt mehr Anbieter im Marktraum des Internets, weil die Eintrittsbarrieren so niedrig sind. Und mehr Kunden können Informationen über jedes Produkt, jeden Service oder jedes Unternehmen abrufen. Informationen sind frei verfügbar und billig.

Unternehmen und Verbraucher profitieren von dieser Informationsrevolution gleichermaßen. Unter Zuhilfenahme der elektronischen Beschaffung können Unternehmen die Lieferantenpreise vergleichen und ihre Einkaufskosten senken. Sie können Lieferanten und Händler in Extranets einbinden und so ihre Kosten für Bestellungen, Transaktionen und Zahlungen senken. Sie können die Nachfrage- und Angebotssituation besser einschätzen. Sie können dann dynamische Regeln entwickeln, um ihre Preise und die Produktion anzupassen, was wieder zu einem effizienteren Ressourcenmanagement führt.[5]

## Von Produkten für Wohlhabende zu Produkten für alle

In der alten Wirtschaftsordnung war es für die Unternehmen viel zu teuer, auf individuelle Kundenwünsche einzugehen. Die Kunden mussten sich entscheiden: Produkte, die ihren Wünschen nur annähernd entsprachen, waren relativ preiswert zu haben, während sie für genau auf ihre Bedürfnisse zugeschnittene Produkte viel Geld bezahlen mussten. Maßgeschneiderte Produkte waren also ein Privileg der Wohlhabenden.

In der New Economy ist das anders: Nun können sich viel mehr Verbraucher individuell angepasste Produkte leisten. Die digitale Technologie hat die Kosten von Einzelanfertigungen in vielen Fällen erheblich gesenkt. Beispiele dafür sind *Dell.com* (Computer),

*Acumins.com* (Vitaminpräparate), *IC3D.com* (Blue Jeans) und *Sonic.com* (individuell zusammengestellte CDs). Die Motoren dieser Entwicklung sind eine globale, standardisierte Kommunikationsinfrastruktur, das Internet und die Webbrowser. Professor Ward Hanson glaubt, dass die kundenindividuelle Fertigung zu einer »Demokratisierung der Warenwelt« führen wird.[6]

## Vom Make-and-Sell- zum Sense-and-Respond-Konzept

Lange Zeit herrschte im Marketing das Make-and-Sell-Paradigma vor: Die Unternehmen versuchten, die Nachfrage einzuschätzen, planten die Produktion und Lagerbestände entsprechend und hofften auf ein möglichst ausgeglichenes Verhältnis von Angebot und Nachfrage. Es war von zentraler Bedeutung, Größenvorteile zu erzielen, die Lernprozesse der Mitarbeiter zu beschleunigen und definierte Abläufe in Übereinstimmung mit dem Geschäftsplan auszuführen.

Heute dagegen orientieren sich immer mehr Unternehmen am Sense-and-Respond-Paradigma. Sie ermöglichen es ihren Kunden, ihre Bedürfnisse genau zu definieren – bis hin zur Festlegung der gewünschten Produktmerkmale. Sie nehmen Bestellungen zum Anlass, Informationen über die Kunden zu gewinnen, und setzen digitale Technologien ein, um Aufträge weit schneller als bisher abzuwickeln. Sense-and-Respond-Unternehmen sind den Make-and-Sell-Unternehmen voraus, weil sie:[7]

- individuellere Produkte anbieten
- technisch überlegene Produkte schneller herstellen
- kundenorientiert sind und Kundenbedürfnisse effektiver erfüllen
- langfristig profitabler arbeiten

# Von der lokalen zur globalen Wirtschaft

Das Internet verschafft den Unternehmen einen praktisch unbegrenzten geografischen Aktionsradius. Die Größe eines Unternehmens sagt nichts mehr darüber aus, ob es global agieren kann. Selbst kleine Firmen können weltweit potenzielle Kunden ansprechen und ihren Sitz in ein beliebiges Land legen. Umgekehrt können internationale Konzerne überdenken, wie viele Niederlassungen sie wirklich brauchen. Robert Baldock meint dazu:

In Branchen wie der Textilbranche hat auch die Ausschaltung der Zwischenhändler eine große Rolle gespielt. Einkäufer aus der europäischen und amerikanischen Textilindustrie beziehen aus CD-ROMs alle notwendigen Informationen, um direkt mit Fabriken in Indien und dem Fernen Osten zu kommunizieren, wobei in vielen Fällen auch der Vertreter vor Ort überflüssig wird. Designer in New York schicken ihre Entwürfe auf elektronischem Weg in die Fabriken in Asien. Dort werden sie zugeschnitten und genäht, und zwar in den Mengen, wie es die weltweit elektronisch eingegebenen und über das Internet an die Fabrik übermittelten Bestellungen erfordern. Das Einzige, was wirklich noch real von A nach B bewegt wird, sind die Textilien selbst.[8]

Die Konsequenzen der internationalen Einkaufsaktivitäten im Internet müssen genau untersucht werden, denn sie bieten den Unternehmen sowohl Vorteile wie Nachteile. Die beiden wichtigsten Plattformen, welche die Globalisierung des Handels ermöglicht haben, waren Logistikdienste (Transportunternehmen wie *FedEx*) und der Finanzsektor (durch Kreditkarten und andere Instrumente). Ihnen ist es zu verdanken, dass internationale Transaktionen fast ebenso leicht abzuwickeln sind wie lokale. Die Kunden müssen nicht mehr von teuren Anbietern im Inland kaufen, wenn sie dieselben Waren preisgünstiger aus dem Ausland beziehen können. Dieser Umstand könnte manche Regierung dazu verleiten, die Online-Warenbestellung im Ausland gesetzlichen Beschränkungen zu unterwerfen.[9]

# Vom Gesetz der abnehmenden zum Gesetz der zunehmenden Skalenerträge

Im Industriezeitalter unterlag das Unternehmenswachstum dem Gesetz der abnehmenden Skalenerträge. Wachstum führte zu mehr Bürokratie, Schwerfälligkeit und Abneigung gegen Risiken. Die Marktführer verteidigten ihr Terrain, indem sie versuchten, die Zulieferer zu kontrollieren, Patente zu sichern und aggressive neue Konkurrenten zu verklagen. *Procter & Gamble* etwa entwickelte neue Produkte und Produkterweiterungen, um sich Regalflächen in den Supermärkten zu sichern, und *The Home Depot* setzte die lokalen Eisenwarengeschäfte unter Druck, indem es ein größeres Sortiment zu niedrigeren Preisen anbot.

In der New Economy vervielfältigen sich die Informationen explosionsartig. Daten können kopiert, gespeichert, übertragen und neu kombiniert werden. Im Internet sind die Regalflächen unbegrenzt. Die Kunden können jede Site ihrer Wahl besuchen. Auch Unternehmen mit beschränkten Mitteln können in kürzester Zeit eine enorme Größe erreichen.[10]

Das Wachstum in der New Economy unterliegt Zyklen, die sich verselbstständigen. Nehmen Sie das Metcalfesche Gesetz: Danach »steigen die Kosten eines Netzwerks linear mit seiner Größe, während sein Wert exponenziell wächst.«[11] Viele Internetfirmen benötigen eine signifikante Anzahl von Kunden, deren Vorteile aus der Geschäftsbeziehung nichtlinear mit der Gewinnung weiterer Kunden zunehmen. Die Marktforscher der *McKenna*-Gruppe meinen:

Anfang 1998 nahm »ecompare.com« den Betrieb auf, ohne einen Hinweis darauf zu geben, was das Unternehmen eigentlich anbot. Die Inhaber überließen es den Besuchern herauszufinden, was sich hinter der Eingangsseite verbarg. Das Angebot war simpel: Jeder Besucher konnte sich registrieren lassen und erhielt dafür zehn Unternehmensanteile gratis. Innerhalb weniger Wochen verzeichnete ecompare über drei Millionen registrierte Nutzer. Mit dieser »regulären Kundschaft« baute das Unternehmen innerhalb weniger Monate ein virtuelles Shopping-Netzwerk auf.[12]

Im Internetmarktraum müssen Unternehmen relativ hohe Anfangsinvestitionen vornehmen, um ein Angebot zu schaffen und Netzwerke aufzubauen, aber danach bleiben die variablen Kosten relativ bescheiden. Manche Produkte und Leistungen (etwa Informationen, Musik, Software) können zu gegen Null tendierenden Grenzkosten digital vervielfältigt und elektronisch geliefert werden. Die vernachlässigbaren Kosten einer Kapazitätssteigerung, kombiniert mit der unbegrenzten Reichweite, kurbeln die Nachfrage oft rasant an. Deshalb gilt in der New Economy das Gesetz der zunehmenden Skalenerträge.

Die Unternehmen müssen überlegen, wie sie diese Vorteile nutzen können. Das erste Internetunternehmen einer Branchenkategorie, das eine große Kundenbasis anzieht, kann am ehesten weitere Kunden zu viel niedrigeren Kosten gewinnen, weil es von seiner Bekanntheit und nicht zuletzt von der Mundpropaganda profitiert. Al Ries und Laura Ries glauben sogar, dass es in jeder Kategorie nur ein einziges wirklich erfolgreiches Internetunternehmen geben wird, und alle anderen – sofern sie überleben – hoffnungslos abgeschlagen sein werden.[13]

## Vom Eigentum zum zeitlich begrenzten Zugang

In der New Economy müssen Unternehmen die Frage neu entscheiden, welche Güter sie besitzen und auf welche sie nur bei Bedarf zugreifen wollen, etwa durch Abonnements, Mitgliedschaften, Mietverhältnisse oder Pauschalgebühren. Bob Shapiro, CEO von *Monsanto*, stellte in diesem Zusammenhang die provokative Frage: »Welchen Grund gibt es heute noch, überhaupt etwas zu besitzen?«[14] Tatsache ist, dass viele Unternehmen mittlerweile um den Zugang zu Gütern und nicht um ihren Besitz konkurrieren. Vielmehr ist der Besitz physischer Vermögenswerte heute oft schon zu einer Bürde geworden. Deshalb hat weltweit ein Trend zum »schlanken« Unternehmen eingesetzt: Die Firmen entscheiden sich für Outsourcing-Lösungen oder verkaufen Anlagen und andere Vermögenswerte, um stattdessen ihre Betriebsmittel zu leasen. Heute möchten viele Unternehmen lieber eine Marke als eine Fabrik besitzen.

Bei den Verbrauchern findet eine ähnliche Entwicklung statt: Sie ziehen es in zunehmendem Maß vor, ihre Autos zu leasen anstatt sie zu kaufen, und von Softwareprogrammen bis zur Heizungsanlage alle möglichen Dinge nur zu mieten.[15] Ein Beispiel dafür ist das folgende Angebot, das *Renault* potenziellen Kunden unterbreitet:

Renault bietet ein Servicepaket an, das mit dem Leasingpreis abgedeckt ist. Letztlich vermietet der Hersteller das Auto: Der Kunde wird der üblichen unangenehmen Feilscherei über den Kaufpreis enthoben und bezahlt eine Pauschale für die Nutzung, die Wartung und die anderen Dienstleistungen. (Das Einzige, was der Fahrer noch selbst erledigen muss, ist das Tanken!) Renault ist der Ansicht, den Kunden auf diese Weise nicht nur mehr Nutzen zu bieten, sondern ihnen auch einen Kostenvorteil zu verschaffen. Renault will sich einen Wettbewerbsvorteil sichern, indem es die Kunden während des gesamten Zeitraums, in welchem sie Auto fahren, an sich bindet.[16]

# Von der Unternehmensführung
# zur Marktführung

Immer dann, wenn Unternehmen Produkte oder Dienste bei anderen Firmen kaufen, anstatt sie selbst herzustellen, entstehen Transaktionkosten. Zu den Transaktionskosten gehören etwa die Suchkosten – es kostet Zeit, Geld und Ressourcen, um die besten Lieferanten und Anbieter zu finden. Durch Vermittler, die Produktinformationen beschaffen, können diese Suchkosten zwar gesenkt, aber nicht ganz abgeschafft werden. Vertragskosten entstehen, wenn infolge der Beauftragung Dritter Preis- und Vertragsverhandlungen geführt werden müssen. Schließlich entstehen noch Kosten für die Koordination von Ressourcen und Prozessen.

Ronald Coase zufolge »expandiert ein Unternehmen so lange, bis die Kosten für die Durchführung einer jeden weiteren Transaktion innerhalb des Unternehmens genauso hoch sind wie auf dem freien Markt.«[17] Die Unternehmen führen diejenigen Aktivitäten selbst aus, bei denen sie einen Kostenvorteil haben, und lagern die anderen aus.

Die Informationsrevolution hat es Unternehmen erleichtert, komplexe Aktivitäten zu koordinieren und fundiertere Entscheidungen zu treffen. Durch die bessere Verfügbarkeit von Informationen sind die Transaktionskosten gesunken. Immer mehr Transaktionen werden nicht mehr hierarchisch in den Unternehmen, sondern auf den Märkten koordiniert, und immer mehr Transaktionen werden elektronisch durchgeführt. Während die Transaktions- und Koordinationskosten sinken, kommt den digitalen Märkten und ihren Intermediären eine zentrale Rolle zu.

Die Unternehmen konzentrieren sich zunehmend auf ihre Kunden und ihre Kernkompetenzen und lagern alle anderen Aufgaben aus.

Der Erfolg auf den heutigen Märkten setzt intensive Beziehungen zu Kunden, Lieferanten und Geschäftspartnern voraus. Fähigkeiten und Kompetenzen im Bereich des Kundenmanagements gewinnen folglich rasant an Bedeutung.[18]

## Vom Massenmarkt zu Märkten, die aus einzelnen Kunden bestehen

In der New Economy wird das Marketing auf den Kopf gestellt: Es geht nicht mehr darum, Kunden für Produkte zu finden, sondern Produkte für Kunden. Die digitalen Technologien ermöglichen es den Unternehmen, jeden einzelnen Kunden bei seinen Interaktionen zu begleiten, wobei sich das klassische One-to-Many-Marketing zum One-to-One-Marketing entwickelt. Martha Rogers und Don Peppers zufolge erheben Firmen, die ein One-to-One-Marketing anstreben, Informationen über einzelne Kunden und kommunizieren direkt mit ihnen, um dauerhafte, enge Geschäftsbeziehungen aufzubauen.[19]

Alle Faktoren, die einen zeitnahen Umgang mit den Kunden ermöglichen – Geschwindigkeit, Wertkettenintegration, neue Infomediäre – begünstigen auch das One-to-One-Marketing. Dabei kommt es nicht auf Kapitalkraft und Unternehmensgröße an. Die besten Kleinunternehmen haben das schon lange erkannt. Denken Sie an einen Buchladen, in dem ein Verkäufer seine Kunden folgendermaßen begrüßt: »Schön Sie zu sehen, Mary. Hat Ihnen die Biografie von Thomas Jefferson gefallen, die ich Ihnen empfohlen habe? Wunderbar! Dann gefällt Ihnen vielleicht auch das neue Buch über Churchill, das ich für Sie beiseite gelegt habe.« Ein solches persönliches Interesse gibt jedem Kunden das Gefühl, etwas Besonderes zu sein.[20]

# Von Just-in-Time- zu Echtzeitprozessen

Mit der gestiegenen Verfügbarkeit von Informationen und ihrer schnellen Verbreitung können sich Unternehmen ein zeitnahes, fast unverzerrtes Urteil über die Nachfrage bilden. Sie können schnell reagieren, um Angebot und Nachfrage abzustimmen. Informationen haben vielfach physische Lagerbestände überflüssig gemacht. Dies hat zu einer Umgestaltung der Lieferketten geführt, wie folgende Beispiele zeigen:

- *Wal-Mart* erhebt genaue Informationen über seinen Lagerbestand und den täglichen Absatz von Tausenden Artikeln und gibt diese Daten an Hauptlieferanten wie *Procter & Gamble* weiter. Dieser wiederum errechnet daraus, wie viele Ladungen Windeln, Waschpulver oder Zahncreme er am nächsten Tag in die einzelnen *Wal-Mart*-Filialen liefern muss.
- *Dell Computer* baut Computer nur auf Bestellung. Im Jahr 1999 sank die Lagerverweildauer von den in der Branche üblichen 60–70 Tagen auf nur sechs Tage, und der Lagerumschlag stieg auf 58–60 Mal pro Jahr, gegenüber 13,5 bei *Compaq* und 9,8 im PC-Geschäft von *IBM*.[21]
- *Cisco* besitzt nur zwei der 40 Fabriken selbst, in denen die Markenprodukte des Netzwerkausrüsters hergestellt werden. *Cisco* gibt Aufträge für Router und andere Teile an seine Partner weiter, die dann die Herstellung unter der Marke *Cisco* übernehmen.

Viele Lieferanten sind nicht darauf eingerichtet, kleinere Aufträge binnen eines Tages oder gar weniger Stunden zu erledigen. Sie müssen diese Fähigkeit jedoch erwerben, wenn sie ihre Lagergröße reduzieren wollen.[22]

All diese wichtigen Veränderungen haben neue Vorteile für Verbraucher sowie Unternehmen entstehen lassen, auf die wir im Folgenden näher eingehen.

# Verbraucher und Unternehmen erlangen neue Vorteile

## Stärkung der Position der Verbraucher

Die digitale Revolution hat die Stellung der Käufer in verschiedener Hinsicht gestärkt:

- *Steigerung der Käufermacht.* Heute können die Käufer Preise und Produktmerkmale binnen Sekunden vergleichen. Sie sind nur einen Mausklick von Wettbewerbervergleichen entfernt, wie sie auf Websites wie *MySimon.com* oder *Buy.com* angeboten werden. Bei *Priceline.com* können die Verbraucher sogar den Preis angeben, den sie für ein Hotelzimmer, ein Flugticket oder eine Hypothek zu zahlen bereit sind, und brauchen dann nur noch abzuwarten, ob ein Anbieter auf ihren Wunsch eingeht. Firmenkunden können so genannte Reverse Auctions oder Ausschreibungen durchführen, bei denen die Anbieter versuchen, das günstigste Angebot zu unterbreiten, um den Zuschlag zu erhalten. Die Käufer können ihren Bedarf auch mit dem anderer Internetnutzer kombinieren und auf diese Weise Mengenrabatte erzielen (etwa bei *DailyDeals.com*).
- *Größere Warenauswahl. Amazon* bezeichnet sich mit über drei Millionen lieferbaren Büchern gern als die größte Buchhandlung

der Welt. Keine Buchhandlung könnte ein physisches Lager dieser Größe betreiben. Im Internet ist heute fast alles erhältlich: Möbel (*ethanallen.com*), Waschmaschinen (*sears.com*), Unternehmensberatung (*ernie.ex.com*), ärztlicher Rat (*CyberDocs.com*) und vieles andere mehr. Außerdem können die Angebote völlig ortsunabhängig bestellt werden, wovon jene Menschen profitieren, die in Ländern mit beschränktem lokalen Angebot wohnen. Darüber hinaus können die Käufer in Ländern mit hohen Preisen ihre Produkte dort bestellen, wo sie weniger kosten.

- *Eine Flut von Informationen über jedes Thema.* Die Verbraucher können heute auf fast jede Zeitung in jeder Sprache weltweit zugreifen. Ebenso haben sie Zugang zu Online-Enzyklopädien, Wörterbüchern, medizinischen Informationen, Filmrezensionen, Verbraucherberichten und zahllosen weiteren Informationsquellen.

- *Bequemere Auftragserteilung.* Heute können die Verbraucher ihre Bestellungen in den eigenen vier Wänden oder im Büro rund um die Uhr an sieben Tagen in der Woche aufgeben und die Waren an der Haustür in Empfang nehmen. Sie brauchen sich weder auf Parkplatzsuche zu begeben noch an einer Kasse Schlange zu stehen.

- *Bessere Möglichkeiten der Kontaktaufnahme zu anderen Käufern.* Den Kunden stehen Chaträume zur Verfügung, in denen sie über gemeinsame Interessensbereiche plaudern und Informationen und Meinungen austauschen können. Mütter können etwa *iVillage.com* besuchen, um über Kinderthemen zu diskutieren, und Kinogänger können unter einer Vielzahl von Film-Chaträumen auswählen, um über Filme ihrer Wahl zu sprechen.

## Stärkung der Position der Unternehmen

Auch die Unternehmen konnten ihre Position durch die neuen Möglichkeiten des Internets stärken.

- *Die Unternehmen haben mit dem Internet einen neuen Informations- und Vertriebskanal gewonnen, der es ihnen ermöglicht, Kunden ohne geografische Einschränkungen anzusprechen und den Absatz ihrer Produkte und Dienste zu fördern.* Auf ihren Websites können die Unternehmen ihre Produkte und Leistungen beschreiben, die Unternehmensgeschichte erzählen, ihre Geschäftsphilosophie erklären, Arbeitsplatzangebote ausschreiben und weitere Informationen veröffentlichen, die für die Besucher interessant sein könnten. In der Vergangenheit war die Möglichkeit der Unternehmen, Informationen in Form von Werbung, Broschüren und anderen Mitteln zu verbreiten, schon aus finanziellen Gründen beschränkt. Heute ermöglicht das Internet eine fast unbegrenzte Veröffentlichung von Informationen auch in Multimediaform. Firmen wie *Grainger* haben ihre umfangreichen Kataloge ins Internet gestellt und damit ihren Kunden den Such- und Bestellprozess erleichtert. Jedes Unternehmen hat die Möglichkeit, seine Website als Vertriebs- und Informationskanal zu nutzen. Und da das Internet keine nationalen Schranken kennt, können sich die Internetnutzer weltweit über Unternehmen informieren und Geschäftskontakte anbahnen.
- *Die Unternehmen können die zweigleisige Kommunikation mit Kunden und Interessenten erleichtern und Transaktionen beschleunigen.* Durch E-Mails sind Unternehmen auf sehr bequeme Weise ansprechbar. Viele Unternehmen richten Extranets

ein, um den Informationsaustausch mit ihren Lieferanten und Händlern und die Abwicklung von Bestellungen effizienter zu gestalten. Darüber hinaus erleichtert ihnen das Internet auch die Marktforschung: Sie können Fokusgruppen einrichten, Kundenausschüsse bilden und Fragebögen verschicken, um Primärdaten zu erheben. Sie können Kunden und Interessenten Werbebotschaften per E-Mail schicken. Sie können Coupons (etwa *coolsavings.com*), Proben (etwa *freesamples.com*), E-Mail-Angebote und Informationen an Kunden versenden, die darum gebeten oder dem Unternehmen ihr Einverständnis dazu erteilt haben.

• *Unternehmen können ihre Produkte und Dienstleistungen an individuelle Kunden anpassen.* Unternehmen können die Zahl der Besucher auf ihren Websites und die Häufigkeit ihrer Besuche verfolgen, diese Informationen in ihre Kundendatenbanken aufnehmen und mit anderen Informationen kombinieren. So erhalten sie die notwendigen Angaben, um einzelne Kunden und Interessenten gezielter ansprechen und ihre Botschaften, Angebote und Dienstleistungen auf sie abstimmen zu können.

• *Unternehmen können den Einkauf, die Personalrekrutierung, die Weiterbildung und die interne und externe Kommunikation verbessern.* Alle Unternehmen sind gleichzeitig Käufer und Verkäufer. Sie können deutliche Einsparungen erzielen, wenn sie die Preise von Lieferanten im Internet vergleichen und einen Teil ihrer Waren bei Auktionen oder auf digitalen Marktplätzen kaufen oder anbieten. Immer mehr Firmen stellen passwortgeschützte Schulungsprodukte für Mitarbeiter, Händler und Vertriebspartner ins Internet, sodass diese keine Kurse mehr besuchen müssen, um auf dem neuesten Stand zu bleiben.

Diese neuen Fähigkeiten und Möglichkeiten, die Käufern und Anbietern gleichermaßen zur Verfügung stehen, werden die Effizienz und Leistungsfähigkeit der Märkte zweifellos deutlich steigern.

# Werttreiber

Die gestärkten Positionen der Marktteilnehmer bleiben natürlich nicht ohne Auswirkung auf die Struktur der Märkte. In der digitalen Wirtschaft sind Unternehmen auf zwei Märkten tätig: auf dem physischen Markt – dem Marktplatz – und dem virtuellen Markt – dem Marktraum. Unter dem Einfluss des Internets und der digitalen Technologien haben die meisten Branchen – einschließlich Banken, Versicherungen und Touristikunternehmen – ihre Präsenz auf dem Marktplatz um die Präsenz im Marktraum erweitert.

Die heutigen Märkte werden von drei wichtigen Werttreibern geprägt: Kundenwert, Kernkompetenzen und kollaborativen Netzwerken (siehe Tabelle 1.1).

**Tabelle 1.1:** Werttreiber in der digitalen Wirtschaft

| Werttreiber | Unternehmensauftrag |
| --- | --- |
| Kundenwert | • Kundenorientiert handeln |
| | • Auf Kundenwert und -zufriedenheit konzentrieren |
| | • Vertriebswege auf Kundenpräferenzen abstimmen |
| | • Eine Kunden-Scorecard entwickeln und einsetzen |
| | • Den Wert der lebenslangen Kundenbeziehung kennen und nutzen |

| Kernkompetenzen | • Aufgaben auslagern, die andere besser, schneller oder billiger erledigen können |
| | • Weltweite Best-Practices-Vergleiche anstellen |
| | • Immer wieder neue Wettbewerbsvorteile aufbauen |
| | • Abteilungsübergreifende Teams für Geschäftsprozesse einsetzen |
| | • Auf dem Marktplatz ebenso wie im Marktraum operieren |
| Kollaborative Netzwerke | • Auf den Interessensausgleich aller Ansprechpartner achten |
| | • Partner des Unternehmens großzügig belohnen |
| | • Mit weniger Lieferanten zusammen arbeiten und diese als Partner behandeln |

# Kundenwert

Aus den beschriebenen neun wichtigen Veränderungen und der gestärkten Position von Verbrauchern wie Unternehmen ergibt sich auch ein neuer Schwerpunkt in der Geschäftsphilosophie: War er bislang produktorientiert, so wird er in der digitalen Wirtschaft zunehmend kundenorientiert.

*Kundenorientiert handeln.* Heute haben die Unternehmen erkannt, dass ein Bestand an Kunden wertvoller ist als der Besitz von Produkten, Fabriken oder Maschinen. *Nike* produziert seine Sportschuhe nicht selbst, und auch *Sarah Lee* vergibt einen großen Teil der Produktion an Fremdfirmen. Die Unternehmen möchten, dass ihre Kunden mehr als nur ein Produkt bei ihnen kaufen. Sie bauen deshalb Produktlinien auf, die es ihnen erleichtern sollen, erfolgreiche Cross-Selling-Angebote zu entwickeln. Eigentlich sollten die Produktentwickler als die Lieferanten eines Unternehmens betrachtet werden, die sogar Produkte bei Fremdfirmen beschaffen dürfen, wenn die internen Lieferkosten zu hoch sind. Die Kundenmanager müssen also in Erfahrung bringen, was ihre Kunden wünschen und dann dafür sorgen, dass die entsprechenden Produktsortimente angeboten werden.

*Auf Kundenwert und -zufriedenheit konzentrieren*

Unternehmen können durch den so genannten Hochdruckverkauf kurzfristig oft viel Geld verdienen. Um einen Abschluss zu erzielen, versprechen viele Vertriebsmitarbeiter viel und halten wenig. Aber derartige Taktiken führen letztlich nur zu enttäuschten Kunden, einer höheren Kundenfluktuation und hohen Kosten für die Neukundenakquisition. Clevere Unternehmen entwickeln Marken, mit denen sie ihre Versprechen halten können. Sie gehen noch weiter, indem sie ständig neue Werte suchen, um ihren Kunden das Leben zu erleichtern und ihre Zufriedenheit zu steigern.

*Vertriebswege auf Kundenpräferenzen abstimmen*

Unternehmen halten oft an einer bestimmten Vertriebsform fest, obwohl die Kunden schon lange eine andere vorziehen würden. So wollen viele Menschen ein Auto kaufen, ohne einen Händler besuchen zu müssen. Sie würden es vorziehen, ihren Wagen aus einem Katalog oder im Internet zu bestellen, so wie sie auch ihren neuen Rechner bei *Dell* bestellen. Derzeit sind die Autohersteller jedoch noch eng an ihre Händler gebunden und können nicht ohne weiteres direkte Vertriebskanäle aufbauen, mit denen sie ihren Händlern Konkurrenz machen würden. Aber wenn der Druck der Verbraucher wächst und der erste Hersteller das Tabu bricht, wird die Entwicklung unaufhaltsam sein. Langfristig werden sich die Vertriebspräferenzen der Kunden durchsetzen.

*Eine Marketing-Scorecard entwickeln und einsetzen*
Das Topmanagement verlässt sich bei der Geschäftsführung in hohem Maß auf finanzielle Kennziffern, nämlich die Gewinn- und Verlustrechnung und die Bilanz. Aber die Unternehmensleistung ist letztlich das Ergebnis der Aktivitäten auf dem Marktplatz. Die Firmenchefs sollten deshalb eine Marketing-Scorecard entwickeln, mit der sie die Marktvariablen verfolgen, etwa den Erfolg der Werbemaßnahmen, die Kundenzufriedenheit, die Kundenabwanderungsrate, die relative Produktqualität und andere Faktoren. Auf diese Weise erhalten sie Aufschluss über bevorstehende Herausforderungen und Chancen.

*Den Wert der lebenslangen Kundenbeziehung*
*kennen und nutzen*
Die Unternehmen müssen weiter als nur bis zum nächsten Geschäftsabschluss denken. Sie müssen den Wert der lebenslangen Kundenbeziehung kennen, also den möglichen Gewinn, den sie mit ihm in Zukunft noch realisieren können. Dazu müssen sie wissen, wie sie das Geschäftsvolumen mit ihm innerhalb einer Kategorie erhöhen können. Das Ziel lautet, dem Kunden mehr langfristige Werte zu bieten und ihn auf diese Weise möglichst lange an sich zu binden.

In der digitalen Wirtschaft resultieren Wettbewerbsvorteile eher aus dem Beziehungskapital denn aus den bisher wichtigen Vermögenswerten. Die Unternehmen konzentrieren sich mindestens so sehr darauf, ihren Anteil am Geschäftsvolumen einzelner Kunden zu steigern wie darauf, ihren Marktanteil zu steigern. Wer einen hohen Marktanteil besitzt, hat nicht unbedingt viele loyale Kunden. Es ist sogar denkbar, dass ein Unternehmen seinen Marktanteil verteidigt, aber gleichzeitig Kunden verliert und mit hohem Kostenaufwand neue gewinnen muss. Ein Unternehmen, das seinen Anteil am Geschäft mit einzelnen Kunden steigert, definiert seinen Produkt-, Service-, Vertriebs- und Kommunikationsmix zwangsläufig neu. Clevere Marketingexperten sehen sich nicht als Jäger, sondern als Gärtner und pflegen und hegen ihre Kunden.[23]

## Kernkompetenzen

Der zweite Werttreiber im heutigen Wirtschaftsleben sind die Kernkompetenzen. In der Offline-Wirtschaft sind die meisten Unternehmen in drei Bereichen tätig, nämlich in der Produktinnovation und Marktbearbeitung, im Kundenmanagement und schließlich im operativen Bereich und seiner Infrastruktur. In der digitalen Wirtschaft hat jeder dieser Bereiche neue Grundlagen und erfordert neue Fähigkeiten. Die oben beschriebenen neun wichtigen Veränderungen und die neuen Positionen von Verbrauchern und Unternehmen haben das vorherrschende Denkmodell geändert: Das Motto lautet nicht mehr »immer größer« und »immer besser«, sondern »immer schneller« und »immer innovativer«.

*Aufgaben auslagern, die andere besser,*
*schneller oder billiger erledigen können*
Kein Unternehmen kann alle Aufgaben bestmöglich durchführen. Die Tage eines Henry Ford, der sämtliche Bereiche kontrollieren

wollte, die mit der Herstellung eines Autos zu tun hatten – bis hin zur Reifen-, Sitz- und Scheibenherstellung – sind gezählt. Unternehmen sind zunehmend bereit, nicht-zentrale Aufgaben an Fremdfirmen zu vergeben, die sie effizienter ausführen.

### Weltweite Best-Practices-Vergleiche anstellen

Unternehmen müssen ihre Leistungen zumindest mit denen der Konkurrenten vergleichen. Aber sie können auch viel lernen, wenn sie branchenfremde Unternehmen beobachten, die einen hervorragenden Ruf in bestimmten Disziplinen genießen. Sie könnten *3M* besuchen, um etwas über Innovationen zu lernen, *Disney*, um etwas über die Schulung serviceorientierter Mitarbeiter zu erfahren, *FedEx*, um sich über Logistik zu informieren, und *L. L. Bean*, um sich ein Bild über exzellenten Kundenservice zu machen.

### Immer wieder neue Wettbewerbsvorteile aufbauen

Professor Michael Porter von der Harvard Business School hält es für zwingend erforderlich, dass Unternehmen nachhaltige Wettbewerbsvorteile entwickeln. Natürlich wünscht sich jedes Unternehmen einen solchen Vorsprung, aber in diesen schnelllebigen Zeiten ist kein Vorteil von Dauer. Im Handumdrehen wird er kopiert und verliert damit seine Kraft. Deshalb müssen die Unternehmen ständig neue Werte für ihre Kunden suchen und erfinden, indem sie ein Gespür für sich ändernde Kundenbedürfnisse entwickeln und darauf reagieren.

### Abteilungsübergreifende Teams für Geschäftsprozesse einsetzen

Jahrhundertelang haben Unternehmen ihre Aufgaben in getrennten Abteilungen erledigt. Die funktionale Spezialisierung sorgte für Effizienz innerhalb der Abteilungen, beeinträchtigte aber auch die

Kommunikation und Koordination zwischen den Abteilungen und begünstigte Machtkonflikte. Michael Hammer und James Champy haben mit ihrem Werk *Reengineering the Corporation* erreicht, dass wir unsere Aufmerksamkeit von den Unternehmensfunktionen auf die Unternehmensprozesse verlagert haben. Prozesse sind weitreichender und grundlegender als Funktionen und sollen kundenorientierte Ergebnisse liefern. Beispiele sind etwa die Produktentwicklung, Auftragsabwicklung und Kundenakquisition und -bindung. Prozesse erfordern meist den Input von zwei oder mehr Abteilungen. Deshalb setzen Unternehmen Prozessteams aus mehreren Abteilungen ein, die jeden Prozess so durchführen, dass er aus der Kundenperspektive reibungslos abläuft. Das Reengineering zielt darauf ab, die Mauern niederzureißen, die sonst die Abteilungen trennen.

*Auf dem Marktplatz ebenso wie im Marktraum agieren*
Unternehmen haben mittlerweile erkannt, wie nützlich Websites für die Informationsverbreitung sind. Manche nutzen sie auch dazu, ihre Waren direkt online zu vertreiben. Unternehmen mit einer engen Bindung an ihre Händler verfügen jedoch oft nicht über den nötigen Freiraum, um direkt im Internet zu verkaufen. Die Händler stehen dem Wettbewerb mit den Herstellern ablehnend gegenüber und drohen vielleicht sogar, die Produkte des betreffenden Unternehmens nicht mehr zu vertreiben. Aber auch wenn ein Unternehmen das Internet nicht als Vertriebskanal verwendet, sollte es den Marktraum zumindest für Funktionen wie Einkauf, Personalrekrutierung, Weiterbildung, interne Kommunikation und Informationsgewinnung nutzen.

# Kollaboratiue Netzwerke

Der dritte Werttreiber auf den heutigen Märkten sind die kollaborativen Netzwerke. Großkonzerne des Industriezeitalters wie *General
Motors, Ford, General Electric* und *Standard Oil* waren vom Konzept der vertikalen Integration fasziniert. Als Reaktion auf die hohen
Transaktionskosten der Geschäftsbeziehungen zu externen Firmen
versuchten sie, sämtliche Elemente der Wertkette selbst zu kontrollieren. Sie hielten es in Anbetracht der Prozesse in ihrer internen Lieferkette für kostengünstiger, sämtliche benötigten Stoffe und Güter
selbst herzustellen.

Die oben beschriebenen neun wichtigen Veränderungen und die
neuen Positionen von Verbrauchern und Unternehmen haben die
Voraussetzungen dafür geschaffen, die vertikale Integration durch
die virtuelle Integration zu ersetzen. Bei einem virtuellen Informationsaustausch sind weniger Zeit und Mitarbeiter erforderlich, um
Geschäfte abzuwickeln und die Aktivitäten verschiedener Unternehmen zu koordinieren.

Ein kollaboratives Netzwerk besteht aus einem Unternehmen und
den Ansprechpartnern, zu denen es beiderseitig vorteilhafte Geschäftsbeziehungen unterhält. In der New Economy spielt sich der
Wettbewerb immer weniger zwischen Unternehmen, sondern zwischen kollaborativen Netzwerken ab, wobei die Unternehmen mit
dem besseren Netzwerk das Rennen machen.

*Auf den Interessensausgleich aller Anspruchsgruppen achten*
Unternehmen haben den Auftrag, den Interessen ihrer Aktionäre zu
dienen. Aber sie erkennen zunehmend, dass der Dienst an den
Aktionären oft bedeutet, zunächst einmal ihre anderen Ansprechpartner zufrieden zu stellen. Nicht umsonst legt etwa Bill Marriott,

Jr., die Prioritäten der *Marriott Corporation* folgendermaßen fest: »Als Erstes müssen wir die Mitarbeiter zufrieden stellen. Dann werden sie auch unsere Gäste zufrieden stellen. Zufriedene Gäste kommen häufig wieder, und dann sind auch unsere Aktionäre zufrieden.«[24] Paul Allaire, Chairman und CEO von *Xerox*, meint, dass die Gewinne automatisch fließen, wenn man Kunden, Mitarbeiter und Partner zufrieden stellt.

*Partner des Unternehmens großzügig belohnen*
Früher glaubten die Unternehmen, am meisten Geld verdienen zu können, wenn sie ihren Mitarbeitern, Lieferanten und Händlern möglichst wenig bezahlten. Dabei gingen sie von einem Nullsummenspiel aus: Des einen Vorteil war des anderen Nachteil. Heute jedoch hat sich die Erkenntnis durchgesetzt, dass Mitarbeiter, Lieferanten und Händler härter arbeiten und damit die Vorteile für alle steigern, wenn sie gut bezahlt werden. Viele der rentabelsten Unternehmen zeigen sich ihren Partnern gegenüber nicht umsonst sehr großzügig.

*Mit weniger Lieferanten zusammen arbeiten*
*und sie zu Partnern machen*
In der Vergangenheit zogen die Unternehmen es vor, ihren Bedarf bei einer großen Zahl von Anbietern zu decken und damit einen starken Wettbewerbsdruck unter ihnen zu erzeugen. Sie hielten es für einen Vorteil, wenn sie auf diese Weise Zugeständnisse erzwingen und die Kosten niedrig halten konnten. Aber sie übersahen lange Zeit den Preis, den sie dafür bezahlten: Jeder einzelne Lieferant musste kontrolliert werden, die Produktqualität war bei jedem Lieferanten anders, und kein Lieferant wollte größere Investitionen vornehmen, da er ja jederzeit durch einen

anderen ersetzt werden konnte. Schließlich aber begannen die Unternehmen zu erkennen, dass sie mehr Vorteile hatten, wenn sie mit weniger, aber besseren Lieferanten zusammen arbeiteten und sie als Partner behandelten. Diese Partner waren zu höheren Investitionen bereit, leisteten Beiträge zur Produktentwicklung und verabschiedeten sich nicht gleich bei der ersten Durststrecke.

## Ein neues Marketingparadigma

Aus den drei Werttreibern – Kundenwert, Kernkompetenzen und kollaborative Netzwerke – resultiert ein neues Marketingparadigma. Dieses Paradigma hat sich in zwei Phasen entwickelt und geht derzeit in die dritte über, wie in Tabelle 1.2 dargestellt.

In der Phase des Verkaufsmodells verfolgte ein Unternehmen das Ziel, die hergestellten Produkte zu verkaufen, um möglichst hohe Absatzzahlen und damit Gewinne zu erzielen. Zu diesem Zweck umwarb es jeden nur greifbaren potenziellen Käufer und setzte die Macht der Massenwerbung sowie die Überzeugungskraft des persönlichen Verkaufs ein. Das Management dachte wenig über die Segmentierung von Märkten und die Modifizierung von Produkten und Dienstleistungen nach, um unterschiedlichen Bedürfnissen entsprechen zu können. Es konzentrierte sich auf die Produktstandardisierung, die Massenproduktion, den Vertrieb und das Marketing.

**Tabelle 1.2:** Die drei Phasen des neuen Marketingparadigmas

| Bezeichnung | Ausgangspunkt | Fokus | Mittel | Zweck |
|---|---|---|---|---|
| Verkaufsmodell | Fabrik | Produkte | Verkaufen und werben | Gewinne durch hohes Absatzvolumen |
| Marketingmodell | Unterschiedliche Kundenbedürfnisse | Passendes Produktangebot und der richtige Marketingmix | Marktsegmentierung, gezielte Kundenansprache und Positionierung | Gewinne durch hohe Kundenzufriedenheit |
| Ganzheitliches Marketingmodell | Anforderungen einzelner Kunden | Kundenwert, Kernkompetenzen des Unternehmens, kollaborative Netzwerke | Datenbankmanagement und Wertkettenintegration zur Anbindung der Partner | Rentables Wachstum durch höchstmöglichen Anteil am Geschäft mit einzelnen Kunden, Kundenloyalität und Wert der lebenslangen Kundenbeziehung |

In der darauf folgenden Phase des Marketingmodells verlagerten die Unternehmen ihre Aufmerksamkeit von der Fabrik auf die Kunden und ihre unterschiedlichen Bedürfnisse. Nun lautete ihr vorrangiges Ziel, die Kunden zu segmentieren und ein zielgruppengerechtes Produktangebot und den passenden Marketingmix zu entwickeln. Die Unternehmen erwarben neue Fähigkeiten in der Marktsegmentierung, in der gezielten Kundenansprache und der Positionierung. Ihr Kalkül lautete, dass sie viele Stammkunden gewinnen konnten, wenn sie ihre Kunden in jedem Segment zufrieden stellten, und die resultierenden Wiederholungskäufe zu einer Aufwärtsspirale führen würden.

Die Phase des ganzheitlichen Marketingmodells stellt eine Erweiterung des Marketingmodells dar, die durch die digitale Revolution ermöglicht wurde. Es handelt sich um ein dynamisches Modell, das aus den elektronischen Möglichkeiten zur Kommunikation und Interaktion zwischen den Unternehmen und seinen Kunden und Partnern resultiert. Zur Suche nach neuen Werten sowie ihrem Aufbau und ihrer Bereitstellung tritt das Ziel, langfristige, für beide Seiten zufrieden stellende und profitable Beziehungen zu gestalten.

Dreh- und Angelpunkt im ganzheitlichen Marketingmodell sind die Anforderungen des einzelnen Kunden. Dem Marketing kommt hier die Aufgabe zu, kontextabhängige Produkt-, Dienstleistungs- und Erfahrungsangebote zu entwickeln, die den Anforderungen der einzelnen Kunden entsprechen. Um in einem sehr dynamischen und wettbewerbsintensiven Umfeld Werte für einzelne Kunden erkennen, entwickeln und anbieten zu können, müssen Unternehmen in ihr Beziehungskapital investieren, und zwar in die Beziehungen zu sämtlichen Ansprechpartnern: Verbrauchern, Partnern, Mitarbeitern und Online-Communitys. Dazu müssen sie das Kundenmanagement zu einem Beziehungsmanagement ausbauen, das sich auf alle Ansprechpartner erstreckt. Sie bauen Kundendatenbanken auf und verwalten sie, wobei sie von den Partnern in ihrem Wertenetzwerk unterstützt werden. Das ganzheitliche Marketing ist dann von Erfolg gekrönt, wenn eine Wertkette aufgebaut wird, in der Produktqualität, Service und Geschwindigkeit keine Wünsche mehr offen lassen. Es führt zu einem profitablen Wachstum, wenn der Anteil am Kundengeschäft erweitert wird, Stammkunden gewonnen und der Wert der lebenslangen Kundenbeziehung genutzt werden. Wir gehen auf die damit einhergehenden veränderten Denkweisen und Einstellungen in Kapitel 2 näher ein.

## Das ganzheitliche Marketing

Im Rahmen eines ganzheitlichen Marketingmodells kann die Unternehmensführung folgende Fragen beantworten:

- Wie kann ein Unternehmen neue Wertschöpfungschancen finden, um seine Märkte zu erneuern?
- Wie kann ein Unternehmen möglichst effizient vielversprechende neue Wertangebote schaffen?
- Wie kann ein Unternehmen seine Fähigkeiten und Infrastruktur nutzen, um die neuen Wertangebote effizient bereitzustellen?

Werte breiten sich über verschiedene Märkte hinweg aus. Da auch die Märkte dynamisch und wettbewerbsorientiert sind, benötigt das Management eine klare Strategie für die Suche nach neuen Werten. Die Entwicklung einer solchen Strategie setzt das Verständnis der Zusammenhänge zwischen drei Räumen voraus: dem kognitiven

Raum des Kunden, dem Kompetenzraum des Unternehmens und dem Ressourcenraum der Partner. In Kapitel 3 untersuchen wir, wie Unternehmen die Suche nach neuen Werten zur Erneuerung ihrer Märkte nutzen können.

Um Wertschöpfungschancen wahrzunehmen, müssen Unternehmen Werte schaffen können. Sie müssen dazu neue Kundenvorteile im kognitiven Raum des Kunden identifizieren, Kernkompetenzen im Geschäftskontext nutzen und schließlich geeignete Geschäftspartner aus dem kollaborativen Netzwerk auswählen. Wir gehen in Kapitel 4 näher darauf ein, wie Unternehmen neue Marktangebote identifizieren und aufbauen können.

Die Unternehmen müssen auch erhebliche Investitionen in ihre Infrastruktur und Fähigkeiten vornehmen, um neue Werte anbieten zu können. Sie müssen ihre Fertigkeiten im Kundenmanagement, im internen Ressourcenmanagement und im Management der Geschäftspartner ausbilden. Das Kundenmanagement hilft ihnen, herauszufinden, wer ihre Kunden sind, wie sie sich verhalten und was sie brauchen oder wünschen. Es ermöglicht ihnen ebenfalls, angemessen und schnell auf verschiedene Chancen zu reagieren. Diese Flexibilität setzt ein internes Ressourcenmanagement voraus, das die wichtigsten Geschäftsprozesse (Auftragsbearbeitung, Buchhaltung, Lohn- und Gehaltsabrechnung und Produktion) in einer Familie von Softwaremodulen integriert. Schließlich müssen sie auch ein Geschäftspartnermanagement betreiben, um die komplexen Beziehungen zu ihren Partnern zu pflegen. Die damit zusammenhängenden Anforderungen werden in Kapitel 6 näher untersucht.

Das in Abbildung 1.1 dargestellte ganzheitliche Marketingmodell hilft den Unternehmen, neue Geschäftsfelder ausfindig zu machen. Das Modell macht die Verbindungen und Interaktionen zwischen den Beteiligten (Kunden, Unternehmen und Partnern) und ihren wertorientierten Aktivitäten (Erkennen, Entwickeln und Anbieten von Werten) sichtbar und setzt sie zueinander in Beziehung.

**Abbildung 1.1:** Ein ganzheitliches Marketingmodell

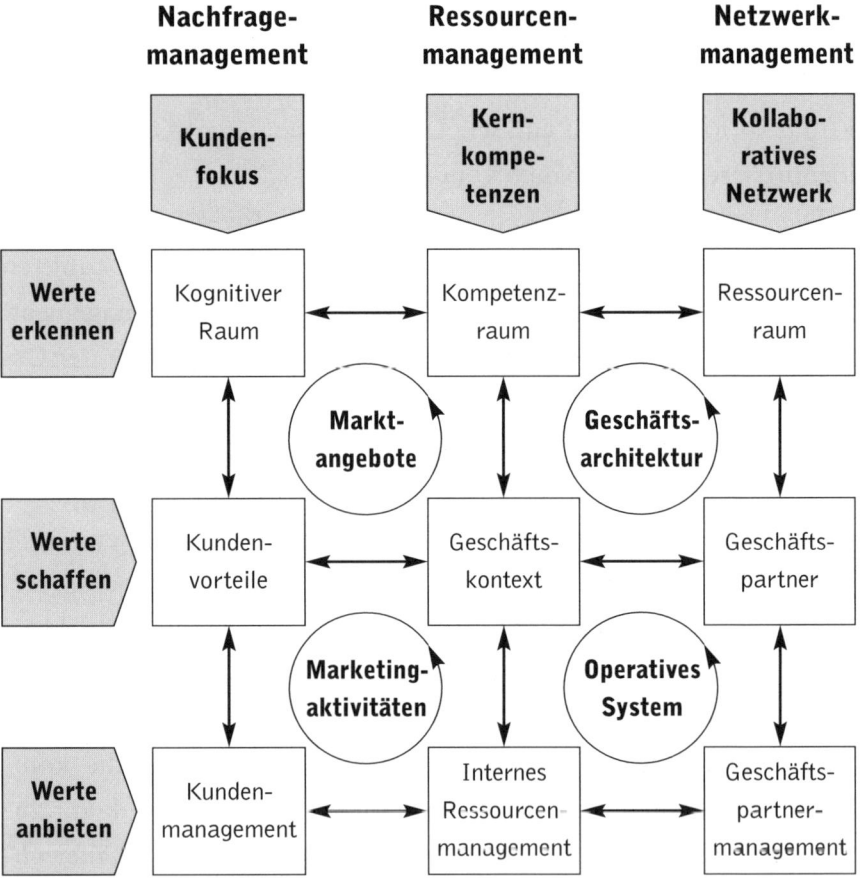

Mit dem ganzheitlichen Marketingmodell verfügen die Unternehmen über einen Ausgangspunkt zur Erneuerung ihrer Organisationsstruktur. In der digitalen Wirtschaft spielen dabei drei Funktionen die Hauptrollen: Nachfragemanagement, Ressourcenmanagement und Netzwerkmanagement. Im ganzheitlichen Marketingmodell werden die sich aus diesen Funktionen ergebenden Prozesse beschrieben. So beginnt der Prozess des Nachfragemanagements mit der Beurteilung des kognitiven Raumes des Kunden, setzt sich mit der Identifizierung der Kundenvorteile fort und endet mit dem Aufbau von Kundenbeziehungen. Das Modell verhilft dem Management zu Einblicken, wie es die Organisationsstruktur verbessern könnte. In Kapitel 9 gehen wir näher auf Fragen der Unternehmensarchitektur ein.

# Wettbewerbsfähige Plattformen

Welche Plattformen können Unternehmen nun benutzen, um Werte zu erkennen, zu entwickeln und anzubieten? Für die Entwicklung ihrer Geschäftsstrategien stehen ihnen vier Plattformen zur Verfügung, die sich aus den neun Bausteinen des ganzheitlichen Marketingmodells zusammensetzen.

1. *Plattform für die Entwicklung von Marktangeboten.* Die Bausteine des kognitiven Raumes, des Kompetenzraumes, der Kundenvorteile und des Geschäftskontextes ermöglichen dem Management strategische Einblicke, um Marktangebote zu entwickeln. Wir untersuchen die Plattform für Marktangebote in Kapitel 4.
2. *Plattform für die Überarbeitung der Geschäftsarchitektur.* Die Bausteine des Kompetenzraumes, des Ressourcenraumes, des Geschäftskontextes und der Geschäftspartner bieten dem Management Anhaltspunkte dafür, wie die aus mehreren Wertketten

bestehende Geschäftsarchitektur neu zu konfigurieren ist. Wir
gehen in Kapitel 5 näher auf die Plattform der Geschäftsarchitektur ein.

3. *Plattform für die Ausrichtung der Marketingaktivitäten.* Die Bausteine der Kundenvorteile, des Geschäftskontextes, des Kundenmanagements und des internen Ressourcenmanagements helfen
dem Management, die Marketingaktivitäten so auszurichten,
dass sie die Marktangebote unterstützen. Die Plattform der Marketingaktivitäten wird in Kapitel 7 analysiert.

4. *Plattform für die Entwicklung der operativen Systeme.* Die einzelnen Bausteine des Geschäftskontextes helfen dem Unternehmen,
die operativen Systeme zu entwickeln. Wir beschreiben die Plattform für operative Systeme in Kapitel 8 näher.

Die drei Hauptfunktionen – Nachfragemanagement, Ressourcenmanagement und Netzwerkmanagement – müssen von funktionsübergreifenden Teams wahrgenommen werden. Nur so kann eine
Unternehmens- und Geschäftsstrategie umgesetzt werden, die auf
den vier oben genannten Plattformen basiert.

Wir glauben, dass die vier Plattformen – Marktangebote, Marketingaktivitäten, Geschäftsarchitektur und operative Systeme – die
Grundlage für die Unternehmens- und Geschäftsstrategie bilden
müssen (siehe Abbildung 1.2). Aus diesem Grund benötigen Unternehmen klar definierte Strategien, um ihre Rentabilität erhöhen und
damit den Shareholder-Value steigern zu können.

Rechnerisch lautet die Gleichung folgendermaßen: Gewinn = Umsatz – Kosten. Die Marktangebote und die Geschäftsarchitektur können als Umsatzfaktoren, die Marketingaktivitäten und operativen
Systeme als Kostenfaktoren betrachtet werden. In Kapitel 9 beschäftigen wir uns näher mit den Gewinnfaktoren der digitalen Wirtschaft.

**Abbildung 1.2:** Vier Plattformen für die Entwicklung von Werten

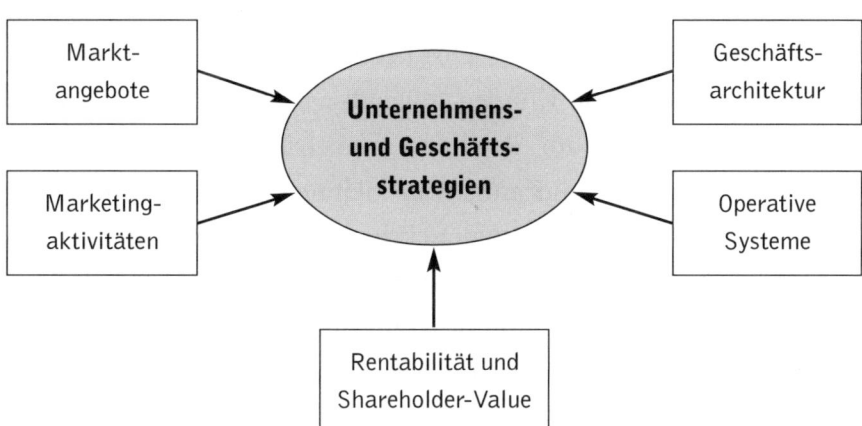

# Schlussfolgerung

Das traditionelle Marketing verfolgte hauptsächlich den Zweck, Produkte herzustellen und zu verkaufen. Das Hauptziel lautete, Kunden für die hergestellten Produkte zu finden. Der Direktmarketingexperte Lester Wunderman brachte es auf den Punkt: »Hörte der Kunde in der industriellen Revolution: ›Das stelle ich her, kaufen Sie es mir bitte ab‹, so sagt er im Zeitalter der Verbraucherrevolution: ›Das brauche ich, können Sie es bitte herstellen?‹«[25]

Heute sitzen die Verbraucher am längeren Hebel. Ging bislang das Unternehmen auf Kundenjagd, ist heute der Verbraucher der Jäger geworden. Er teilt dem Unternehmen seine speziellen Anforderungen mit, schlägt den ihm genehmen Preis vor, gibt seine Lieferwünsche an und erklärt – oder verweigert – sein Einverständnis, vom Unternehmen Informationen und Werbung zu erhalten.

Die Unternehmen müssen sich deshalb von der Make-and-Sell-Philosophie lösen und einen Sense-and-Respond-Ansatz entwickeln.

Sie müssen die mit den Werten zusammenhängenden Fragen aus einer umfassenderen Perspektive sehen und versuchen, die Kundenbedürfnisse auf für diese möglichst bequemste Weise zu befriedigen. Das bedeutet, dass die Kunden möglichst wenig Zeit und Energie aufwenden müssen, um Produkte und Dienstleistungen auszuwählen, zu bestellen und entgegenzunehmen. Um die Bedürfnisse ihrer Kunden besser und kosteneffektiver zu befriedigen, müssen die Unternehmen enger mit ihren Partnern (Lieferanten, Händlern, Mitarbeitern und Online-Communitys) zusammen arbeiten. Es gilt, sich das Wirken zweier Grundkräfte bewusst zu machen, nämlich des Trends zu Massenprodukten auf der Angebotsseite und des Trends zur Individualisierung auf der Nachfrageseite.[26]

## Fragen an Ihr Unternehmen

- Wie haben sich die neun großen Veränderungen der digitalen Wirtschaft auf Ihr Unternehmen ausgewirkt?
- Inwiefern profitiert Ihr Unternehmen von der Stärkung der Anbieterposition, die das Internet ermöglicht hat?
- Welche Maßnahmen hat Ihr Unternehmen schon ergriffen, um eine ganzheitlichere Perspektive einzunehmen? Was bleibt noch zu tun?

# 2. Neue Denkmodelle im Marketing

Der ganzheitliche Marketingprozess erfasst sämtliche Ansprechpartner eines Unternehmens und setzt voraus, dass diese am Wertschöpfungsprozess teilnehmen. In der digitalen Wirtschaft können Unternehmen, Kunden, Partner und Online-Communitys zur Schaffung neuer Werte beitragen. Ihre Ideen dazu ergeben sich aus dem kognitiven Raum des Kunden, dem Kompetenzraum des Unternehmens und dem Ressourcenraum der Partner.

## Wer betreibt die Wertschöpfung in der digitalen Wirtschaft?

Viele Unternehmen haben mittlerweile erkannt, dass neue Werte nicht eifersüchtig gehütet werden dürfen, sondern gemeinsam genutzt werden müssen. Je besser es ihnen gelingt, neue Werte im vereinten Bemühen mit ihren Partnern zu nutzen, desto größer ist der Lohn. In der digitalen Welt sind nicht nur das Unternehmen, sondern auch die Verbraucher, Partner und Communitys an der Entwicklung neuer Werte beteiligt. Im Folgenden untersuchen wir, welchen Beitrag jede dieser Gruppen zur Wertschöpfung leistet.

## Unternehmen als Werttreiber

Manchmal geben Unternehmen den Anstoß zur Entwicklung neuer Werte. In vielen Produkt- und Servicebereichen können die Kunden gar nicht sagen, was sie als Nächstes kaufen wollen, sodass der Anstoß zu Innovationen von den Unternehmen ausgehen muss. Sie bringen wichtige neue Produkte, Dienste und Geschäftsmöglichkeiten hervor, bieten dazu verschiedene Preiskonzepte an, entwickeln neue Vertriebskanäle und trimmen den Service zu neuen Höchstleistungen. Bekannte Beispiele für solche Unternehmen sind *Sony, 3M, CNN, Charles Schwab* und *FedEx*.

Über das Internet ist es den Unternehmen heute problemlos möglich, einer großen Zahl von Kunden individuell zugeschnittene Dienstleistungen anzubieten. Die Kunden des Energieunternehmens *Entergy* etwa haben die Möglichkeit, sich ihre Rechnungen und ihren Stromverbrauch nach eigenen Vorgaben aufschlüsseln zu lassen. *American-Express*-Kunden können ihre Geldanlagen persönlich verwalten.[1]

Wer neue Märkte schaffen will, muss auch sein strategisches Denken ändern. Die Anbieter müssen über ihre alt bekannten Marktgrenzen hinaussehen und sich eine ganzheitliche Sichtweise aneignen. Sie können ihre Geschäfte systematisch neu definieren, indem sie andere Branchen, strategische Gruppen, Käufergruppen, Zusatzprodukte, die funktional-emotionale Ausrichtung einer Branche und sogar den Zeitfaktor in einem größeren Zusammenhang betrachten.[2]

## Kunden als Werttreiber

Eine wichtige Rolle bei der Schaffung eines erfolgreichen Marktes spielt die Integration der Kunden in Schlüsselprozesse. Über das Internet haben die Kunden vielfältige Möglichkeiten, den Anbietern mitzuteilen, was sie wirklich wünschen. Der Kunde beschreibt also seine Bedürfnisse, und das Unternehmen liefert die entsprechenden Produkte. Der Kunde verwandelt sich von einem Konsumenten in einen Prosumenten. Ein gutes Beispiel dafür ist *Dell*: Die Prosumenten können bei *Dell* ihren Wunschcomputer kaufen, weil sie die Möglichkeit haben, genau jene Merkmale und Leistungen auszuwählen, die ihren Bedürfnissen entsprechen.[3] Bald werden auch Autokäufer ihre Wünsche per Computerbildschirm wahr werden lassen. Dabei sind sie nicht auf die spezifischen Optionen eines Herstellers beschränkt, sondern können unter den Angeboten verschiedener Firmen auswählen. Wer möchte, kann also ein Auto mit einem Motor von *Honda*, einer Karosserie von *Toyota* und einer Innenausstattung von *Ford* bestellen. Die Kunden könnten eines Tages sogar vom heimischen PC-Bildschirm aus zusehen, wie ihre Autos montiert werden, während gleichzeitig Versicherungspolicen und Finanzierungsvereinbarungen auf ihre persönliche Situation abgestimmt werden.[4]

Eine weitere Entwicklung geht dahin, dass die Konsumenten den Anbietern Arbeit abnehmen, indem sie die Möglichkeiten der Selbstbedienung nutzen: Sie können sich etwa auf der Website des Anbieters aktiv am Entwurf von Produkten beteiligen und damit gewährleisten, dass diese ihren Wünschen so weit wie möglich entsprechen. Davon profitieren beide Seiten: Die Unternehmen haben niedrigere Servicekosten und erzielen eine engere Kundenbindung, während die Kunden die Produkte auf ihre eigenen Bedürfnisse zuschneiden können.[5]

Das Konzept des Prosumenten beinhaltet auch die Möglichkeit, die Kunden in die Verbesserung der Produktions- und Vertriebsabläufe einzubeziehen. So forderten *Yahoo!* und *Netscape* zahlreiche Freiwillige zu Betatests ihrer Prototypversionen auf. Das Feedback dieser Tester war von unschätzbarem Wert bei der endgültigen Anpassung der Produkte an die Kundenwünsche. Es handelte sich um eine effiziente und kostengünstige Maßnahme, die noch mehr innovative, auf die Kunden abgestimmte Lösungen erbrachte und damit die Kundenloyalität weiter steigerte.[6]

## Partner als Werttreiber

Die eigentliche Macht der neuen Geschäftsmodelle liegt in den Werten, die ihre Partner beitragen können. Partner steigern nicht nur die operative Effizienz des anderen Unternehmens, sondern unterstützen es auch bei der Wertschöpfung. So wäre eine Zusammenarbeit zwischen einem Energieversorger und einem Elektrogerätehersteller denkbar: Die beiden Firmen könnten alle Serviceleistungen im Zusammenhang mit der Nutzung eines Kühlschranks – etwa Miete und Finanzierung, Wartung und Strom – bündeln und dafür eine monatliche Pauschale berechnen.[7]

Partner können auch bei der Schaffung von Wissen im Marktraum eine wichtige Rolle spielen. Ein Beispiel dafür sind die Entwicklung und Herstellung der *Boeing 777*. Etwa 250 funktionsübergreifende Teams, denen auch Mitarbeiter von Zulieferern und

Fluggesellschaften an unterschiedlichen Orten angehörten, haben den Jet gemeinsam geschaffen. Alle waren elektronisch vernetzt und setzten CAD/CAM-Software ein. Das Ergebnis dieser vereinten Bemühungen: Nicht nur die Entwicklungskosten konnten gesenkt werden, sondern auch die Markteinführungszeit verkürzte sich deutlich.[8]

Auch *Sun Microsystems* wendet diese Art der Zusammenarbeit an. *Sun* arbeitet mit fünf Toplieferanten zusammen, um den Procure-to-Pay-Zyklus, der alle Abläufe von der Beschaffung bis zur Bezahlung umfasst, zu komprimieren und eine zweigleisige Kommunikation über neue Wettbewerbsbedingungen zu ermöglichen. Diese Initiative soll auf die 20 wichtigsten Lieferanten von *Sun* ausgedehnt werden, auf die etwa 90 Prozent der jährlichen Ausgaben von etwa 5 Milliarden Dollar entfallen.

Der Trend geht heute dahin, mit weniger Lieferanten zusammen zu arbeiten. Das erleichtert die gemeinsame Nutzung von Informationen, die gemeinsame Produktentwicklung und die Einhaltung von Qualitätsanforderungen. Gleichzeitig können der Lagerbestand reduziert und der Lagerumschlag beschleunigt werden. In der US-Automobilindustrie etwa sank die Zahl der Teilezulieferer von 30 000 im Jahr 1988 auf 4 000 im Jahr 1998. Bis 2003 wird sie Schätzungen zufolge auf unter 3 000 sinken.[9]

## Communitys als Werttreiber

Noch immer sehen die Marketingexperten ihre Aufgabe hauptsächlich darin, die Kunden durch Werbung und andere Mittel zu beeinflussen. Dabei übersehen sie jedoch, dass Kaufentscheidungen zumindest teilweise auch durch soziale Faktoren beeinflusst werden. Beim Einkaufen findet nicht nur eine Interaktion zwischen Unternehmen und Kunden statt, sondern die Kunden tauschen auch in ihrem privaten oder beruflichen Umfeld produktrelevante Informationen und Meinungen aus. Das Internet bietet ihnen dafür neue Möglichkeiten, etwa durch E-Mails, Videokonferenzen und Online-Chaträume. Die Konsumenten können im Internet ihre Meinungen über Produkte, Dienstleistungen, Erfahrungen und Unternehmen direkt und ungefiltert austauschen. Gleichgesinnte können Online-Communitys gründen. Diese neuen Möglichkeiten führen letztlich zu einer Stärkung der Verbrauchermacht. An die Stelle aufdringlicher Werbung tritt nun die Informationsverbreitung durch Gespräche über die Vor- und Nachteile der jeweiligen Produkte. Die Verbraucher trauen solchen Informationen mehr als jenen, die aus der Feder der Hersteller stammen. Die Kunden im Internetzeitalter sollten deshalb weniger als Marktsegmente denn als Mitglieder von Communitys betrachtet werden, die ähnliche Produktinteressen teilen.[10] Len Short, Executive Vice President für Werbung und Markenmanagement bei *Charles Schwab*, fasst diesen Gedanken zusammen: »Ein wichtiger Teil des Marketing sind die Mundpropaganda und das Meinungsbild im Umfeld des potentiellen Kunden. Die meisten Unternehmen übersehen das leider völlig.«[11]

Bei *Amazon.com* wird das Gemeinschaftsgefühl unter den Kunden gefördert, indem sie über die *Amazon*-Website die Gelegenheit erhalten, zu chatten und eigene Buchrezensionen zur Veröffentlichung einzuschicken. Viele *Java*-Anwender haben Communitys gegründet, die einen neuen Code schreiben und Standards diskutieren. Die Mitglieder dieser Communitys schaffen eigene Inhalte und helfen einander herauszufinden, wie sie die Produkte des jeweiligen Unternehmens bestmöglich nutzen können.[12]

Ein Unternehmen kann sich wichtige Informationen verschaffen, indem es die Gründung von Communitys anstößt und sich selbst an diesen beteiligt. Es gibt zahllose Communitys für die Anhänger von Kultmarken wie den *Harley Davidson Riders' Club* oder für die Fans bestimmter Footballteams. Man sollte allerdings nicht vergessen, dass die Informationen, die darin ausgetauscht werden, auch den Konkurrenten zur Verfügung stehen.[13]

Die meisten Internet-Communitys sind jedoch von Unternehmenseinflüssen völlig unabhängig. Sie entstehen in den unterschiedlichsten Bereichen, von Finanzen (etwa *motley-fool.com*) über Autos (etwa *autoweb.com* und *edmunds.com*) und Konsumgüter (etwa *netmarket.com*) bis hin zur Wasserversorgung (etwa *water-online.com*) und Luftverschmutzung (etwa *pollutiononline.com*). Die Verbraucher betrachten die Informationen auf diesen Sites hauptsächlich deshalb als glaubhaft, weil sie von den Anbietern, deren Produkte und Leistungen darin beurteilt werden, unabhängig sind. Die Hauptaufgabe dieser Communitys besteht darin, für ihre Mitglieder nützliche Inhalte anzubieten und vertrauenswürdig zu bleiben.[14]

# Verlagerungen im strategischen Marketing

Die vier Werttreiber – Unternehmen, Kunden, Partner und Communitys – ändern die Marketingstrategien und ihre Umsetzung auf operativer Ebene deutlich. Die Veränderungen im strategischen Denken sind in Tabelle 2.1 dargestellt.

**Tabelle 2.1:** Neue Annahmen im strategischen Marketing

| Das alte strategische Marketing | Das neue strategische Marketing |
| --- | --- |
| Die Marketingabteilung ist für das Marketing zuständig. | Im Marketing vereinen sich die Aufgaben, Kundenwerte zu erkennen, zu entwickeln und anzubieten. |
| Der Schwerpunkt liegt auf dem Unterbrechungsmarketing. | Der Schwerpunkt liegt auf dem Erlaubnismarketing. |
| Das Marketing konzentriert sich auf die Neukundengewinnung. | Das Marketing konzentriert sich auf Kundenbindung und Kundentreue. |
| Das Marketing konzentriert sich auf sofortige Transaktionen. | Das Marketing konzentriert sich auf den Wert der lebenslangen Kundenbeziehung. |
| Der Marketingaufwand wird als reiner Kostenfaktor betrachtet. | Ein Großteil des Marketingaufwands wird als Investition betrachtet. |

Im Folgenden werden die Hauptelemente des neuen strategischen Marketing dargestellt.

• *Das Marketing hat die Aufgabe, Kundenwerte zu entwickeln und bereitzustellen und gewinnt damit mehr Einfluss im Unternehmen.* Bislang glaubte man, die Aufgaben der Marketingabteilung erschöpften sich darin, die Marketingaktivitäten des Unternehmens zu planen und zu integrieren. Erreichte das Unternehmen seine Absatzziele, wurde die Abteilung bejubelt, verfehlte es sie, hatte man einen Sündenbock. Der verstorbene David Packard, Mitbegründer von *Hewlett-Packard*, sagte einmal: »Das Marketing ist viel zu wichtig, um es der Marketingabteilung zu überlassen.«[15] Er glaubte, dass selbst ein Unternehmen mit der besten Marketingabteilung der Welt keinen Erfolg hat, wenn nicht auch die anderen Abteilungen im Kundeninteresse handeln. Die besten Marketingpläne verpuffen, wenn die Produktionsabteilung nicht das richtige Produkt herstellt, die Logistikmitarbeiter das Produkt nicht pünktlich ausliefern, die Buchhaltung die Rechnungen nicht richtig ausstellt, und die Mitarbeiter am Telefon potenziellen Käufern nicht die richtigen Informationen geben können. Obwohl die Marketingbemühungen normalerweise nach vorne gerichtet sind – hin zu den Absatzmittlern und den Endkunden –, müssen die Marketingleiter auch in die umgekehrte Richtung blicken. Nur so können sie gewährleisten, dass die Produktentwickler die richtigen Produkte entwerfen, die Einkäufer die richtigen Einsatzgüter einkaufen, die Produktionsmitarbeiter die Qualitätsanforderungen einhalten und die Logistikmitarbeiter die Produkte rechtzeitig liefern. Das Marketing darf nicht mehr als eine in sich geschlossene Abteilung gelten. Vielmehr müssen das Marketingdenken und das kundenorientierte Denken das gesamte Unternehmen durchdringen. Jeder einzelne Mitarbeiter muss es als seine Aufgabe begreifen, Kundenwerte zu schaffen und für die Kundenzufriedenheit zu sorgen.

- *Das Marketing konzentriert sich auf das Erlaubnismarketing.* In der digitalen Wirtschaft besorgen sich die Verbraucher die benötigten Informationen aus eigener Initiative und initiieren Kontakte zum Unternehmen. Die Bedingungen dafür legen sie in zunehmendem Maß selbst fest. Wenn Kunden die Website eines Unternehmens besuchen, muss dieses ihr Einverständnis einholen, bevor es mit ihnen kommuniziert und eine Beziehung aufbaut. Entsprechend vollzieht sich der Wandel vom Unterbrechungsmarketing – der Empfänger wird durch die Werbebotschaft bei einer anderen Tätigkeit unterbrochen – zum Erlaubnismarketing oder so genannten Permission Marketing: Der Empfänger hat sein Einverständnis zum Erhalt direkt an ihn gerichteter Werbebotschaften gegeben.

- *Das Marketing muss sich auf die Kundenbindung und Kundenloyalität konzentrieren.* In der klassischen Vertriebsarbeit wird der Neukundengewinnung viel Zeit gewidmet. Am meisten werden jene Verkäufer bejubelt, die wichtige neue Kunden gewinnen. Aber dabei besteht die Gefahr, dass schon vorhandene Kunden vernachlässigt werden. Schließlich gibt es zwei Möglichkeiten, wie ein Unternehmen wachsen kann: Es gewinnt ständig neue Kunden, oder es baut seine Geschäfte mit den vorhandenen Kunden aus. Für Unternehmen ist heute die zweite Möglichkeit die wichtigere. Sie müssen deshalb ihre Vertriebsmitarbeiter im Kundenbeziehungsaufbau und in den Möglichkeiten des Cross-Selling und Up-Selling schulen, um Wachstumssteigerungen zu erzielen.
- *Das Marketing versucht gezielt, den Wert der lebenslangen Kundenbeziehung bei den besten Kunden zu nutzen.* Kein Unternehmen verliert gern Geld, wenn es Geschäfte macht. Es wird nicht gern gesehen, wenn Kunden gekaufte Waren zurückgeben, höhere Rabatte verlangen oder besondere Dienstleistungen beanspruchen. Diese Ansprüche schmälern die Gewinne oder verursachen vielleicht sogar Verluste. Dennoch muss man sich in solchen Fällen immer als Erstes fragen, wie profitabel der Kunde langfristig gesehen sein könnte. Unternehmen müssen also gelegentliche Verlustgeschäfte in Kauf nehmen, um Kunden mit einem hohen Lebenszeitwert zu halten. Dagegen sollte es die Kunden mit geringem oder negativem Lebenszeitwert weniger schonend behandeln: Um sie zu bedienen, muss es entweder die Preise erhöhen oder die Kosten senken. Sollten die Kunden dem Unternehmen daraufhin lieber den Rücken zuwenden, ist wenigstens kein großer Verlust entstanden.

- *Viele Marketingausgaben sind eigentlich Investitionen.* Manager neigen dazu, die Marketingausgaben für die Vertriebsorganisation, Werbung und Absatzförderung als Ausgaben und nicht als Investitionen zu sehen. Gegen Jahresende werden deshalb gerade die Marketingbudgets gern beschnitten, wenn die Unternehmensgewinne hinter den Erwartungen zurückbleiben. Aber diese Kürzungen schaden der Kommunikation, dem Service und der Zuverlässigkeit, sodass das Unternehmen seinen Kunden die versprochenen Werte nicht liefern und seine Serviceversprechen nicht einhalten kann. Der Investitionscharakter der Marketingausgaben lässt sich am Beispiel von *Coca-Cola* gut illustrieren. Der Konzern gibt riesige Summen aus, um seine Produkte weltweit zu vermarkten. Die Marke *Coca-Cola* besitzt einen geschätzten Marktwert von 70 Milliarden Dollar. Wer würde nicht lieber die *Coca-Cola*-Marke anstelle der materiellen Vermögenswerte des Konzerns besitzen? Das Marketing muss also als Investition in langfristige Kundenbeziehungen und sprudelnde Umsatzquellen betrachtet werden. Dies sollte sich auch in den Buchungsrichtlinien niederschlagen.

# Rollentausch im Marketing

Wir glauben, dass sich im Hinblick auf die Stoßrichtung und Bedeutung der Marketingmethoden noch vieles ändern wird. Die Machtverlagerung von den Anbietern auf die Käufer hat zum so genannten Reverse Marketing geführt: Der Kunde wird vom Objekt zur zentralen Kraft des Marketing.

## Rollentausch im Produktdesign

Immer mehr Firmen ermöglichen es ihren Kunden, die gewünschten Produkte auf der Firmenwebsite selbst zu entwerfen und zu konfigurieren. Bei *Dell* oder *Gateway* können die Kunden ihren eigenen Computer zusammenstellen, bei *i3d.com* oder *levi.com* ihre neue Jeans entwerfen und bei *Reflect.com* ihr Wunsch-Make-up bestellen. In naher Zukunft können sie vielleicht auch Schuhe, Autos oder sogar Häuser entwerfen.

## Rollentausch in der Preisbildung

Das Internet ermöglicht es den Verbrauchern in vielen Fällen, die Preise selbst zu bestimmen, anstatt sie wie bisher vorgesetzt zu bekommen. Bei *priceline.com* nennen die Kunden den Preis für ein Flugticket, ein Hotelzimmer, eine Hypothek oder ein Auto, den sie zu zahlen bereit sind. Bei der Suche nach einem neuen Auto gibt der *Priceline*-Kunde etwa an, wie hoch der Kaufpreis sein darf, welches Modell mit welcher Ausstattung er wünscht, wann er den Wagen benötigt und wie weit der Händler von seinem Wohnort entfernt sein darf. Die Käufer sind für die Finanzierung verantwortlich und leisten über ihre Kreditkarte eine Kaution in Höhe von 200 Dollar. *Priceline* schickt das Angebot ohne die persönlichen Angaben des Kunden an alle in Frage kommenden Händler. Das Unternehmen verdient nur Geld, wenn ein Kauf zustande kommt. Die Käufer zahlen 25 Dollar, die Händler 75 Dollar. *Priceline* plant, nach einem ähnlichen Modell demnächst auch Kfz-Finanzierungen und -Versicherungen anzubieten.

# Rollentausch in der Werbung

Bisher waren die Kunden der Werbung passiv ausgesetzt. Das alte Broadcasting-Modell der Werbung wird jedoch zunehmend durch das Narrowcasting ersetzt: Über die Instrumente der Direktwerbung oder des Telemarketing findet ein Unternehmen potenzielle Kunden, die mit einer hohen Wahrscheinlichkeit an einem bestimmten Produkt interessiert sind. Diese Interessenten werden dann selbst aktiv und legen fest, welche Werbebotschaften sie erhalten möchten. Erst wenn sie ihr Einverständnis erklärt haben, schickt das Unternehmen ihnen Informationen und Werbematerial. Besonders gut funktioniert das schon jetzt per E-Mails, über die Firmen ihre Kunden regelmäßig über relevante Produkte informieren.

Eine Sonderform ist das so genannten Pointcasting, bei dem die Kunden diejenigen Werbebotschaften auf ihrem Bildschirm anklicken können, die sie interessieren. Der Erhalt der Werbebotschaft wird also nach dem Pull-Prinzip vom Kunden eingeleitet. So schickt *Amazon.com* seinen Kunden auf ihren Wunsch E-Mails, um sie über Neuerscheinungen von Büchern, CDs und Videos zu informieren. *Amazon* verwertet Informationen in der Kundendatenbank auch, um die Bannerwerbung auf der Firmenwebsite an einzelne Kunden anzupassen.[16]

# Rollentausch in der Absatzförderung

Über Marketingintermediäre wie *Netcentives* und *mySimon.com* können Kunden Coupons bestellen und Punkte sammeln, die später in barer Münze ausgezahlt werden. Bei *MyPoints.com*, *Free-Ride.com* und Internet-Service-Providern können sie auch individuelle Sonderangebote anfordern. Bei *FreeSamples.com* erhalten sie Produktproben gratis. Die Intermediäre geben die Anfragen der Kunden an die jeweiligen Unternehmen weiter, ohne dabei zwangsläufig ihre persönlichen Daten preiszugeben.

## Rollentausch im Vertrieb

Die Zahl der Möglichkeiten, um Waren durch die Absatzkanäle zum Kunden zu schleusen, explodiert geradezu. Viele Konsumgüter sind in Lebensmittelgeschäften, an Tankstellen und in Automaten erhältlich und können sogar über Internetanbieter wie *Peapod.com* nach Hause geliefert werden. Digitalisierte Produkte wie Musik, Bücher, Software und Filme können am heimischen PC heruntergeladen werden. Anstatt sich auf den nervigen Weg in ein Geschäft zu machen, sehen sich die Kunden ihre neuen Kleidungsstücke in Ruhe zu Hause am Bildschirm an (etwa bei *gap.com* oder *landsend.com*). Das Schaufenster kommt zum Kunden und nicht der Kunde zum Schaufenster. Daraus folgt, dass Unternehmen neue Absatzkanäle entwickeln müssen, was wiederum die Preisbildung komplizierter machen wird. In manchen Fällen müssen dann sicherlich auch die Produktangebote für die verschiedenen Vertriebswege modifiziert werden.

## Rollentausch in der Kundensegmentierung

Im Internet kann ein Kunde dem Unternehmen seiner Wahl mitteilen, welche Vorlieben er hat, indem er etwa einen Fragebogen ausfüllt. Auf der Grundlage dieser Informationen kann der Anbieter seine Kunden segmentieren und dann gezielte Angebote für die einzelnen Segmente entwickeln.[17]

Die Marketingverantwortlichen können diesen Trend aufgreifen, indem sie folgenden vier Faktoren der Kundenzufriedenheit besondere Aufmerksamkeit schenken: erhöhter Kundenwert, niedrigere Preise, mehr Bequemlichkeit und bessere Kommunikation. Sie müssen den kognitiven Raum des Kunden erforschen, den Kompetenzraum des Unternehmens beurteilen und den Ressourcenraum der Partner nutzen. Diesen Themen wenden wir uns nun zu.

## Der kognitive Raum des Kunden

Kunden haben zwei Arten von Bedürfnissen: vorhandene Bedürfnisse und latente Bedürfnisse. Vorhandene Bedürfnisse sind jene, welche die Kunden bereits artikulieren. Latente Bedürfnisse dagegen können sie noch nicht ausdrücken, oder sie glauben, dass sie ohnehin nicht befriedigt werden. Oft muss erst ein Unternehmen wie *Sony* auftreten, das ein latentes Bedürfnis erkennt (Musikgenuss, wo immer man sich befindet) und eine Produktlösung schafft (den *Walkman*).[18]

Kazuaki Ushikubo glaubt, dass Kundenbedürfnisse anhand verschiedener Elemente beschrieben werden können, die sich in einzelnen Lebensabschnitten und Lebenszusammenhängen des Kunden ändern. Ushikubo nennt zwei wichtige Spannungsfelder, in denen sich menschliche Bedürfnisse orientieren: »Chaos und Ordnung« und »Außenorientierung und Innenorientierung«. In ihnen sind vier Hauptwünsche angesiedelt: Veränderung, Mitwirkung,

Freiheit und Stabilität. Diese Hauptwünsche wiederum bilden den Rahmen für den kognitiven Raum eines Menschen. Ushikubo fügt in die vier Quadranten von Abbildung 2.1 zwölf Faktoren aus Murrays Liste der Wünsche ein. Aus den Hauptwünschen ergeben sich die verschiedenen Lebensstile, die in Tabelle 2.2 beschrieben werden.[19]

**Abbildung 2.1:** Der kognitive Raum des Kunden

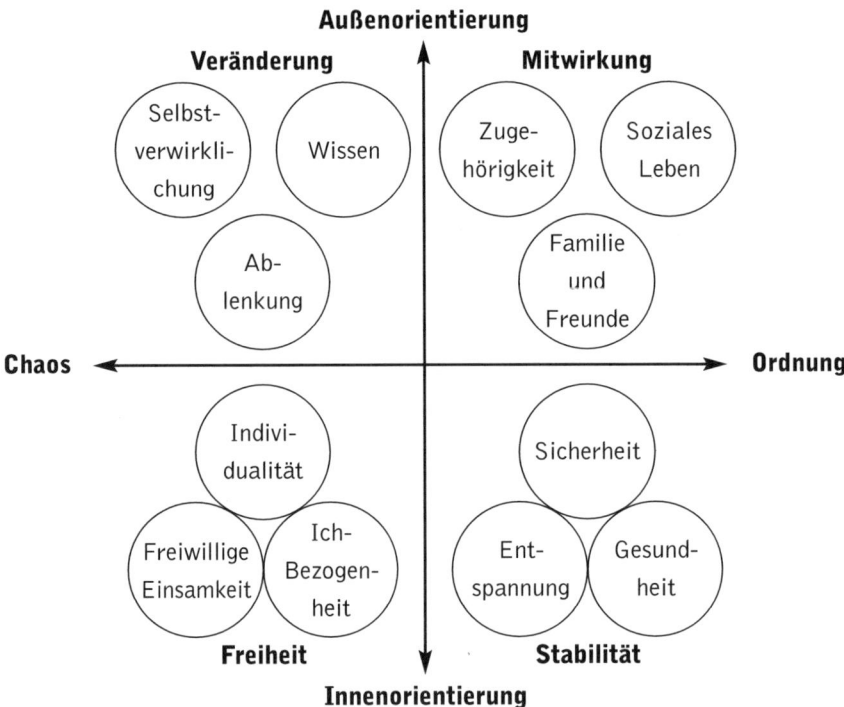

*Quelle: Kazuaki Ushikubo: »A Method of Structure Analysis for Developing Product Concepts and Its Applications«, European Research 14, Nr. 4 (1986): 174–175.*

**Tabelle 2.2:** Teilbereiche des kognitiven Raums
und Einflussfaktoren auf Kundenwünsche

| Teilbereich | Einflussfaktoren | Bedeutung |
|---|---|---|
| Veränderung | Ablenkung | Gelegentlich möchte ich meinen Lebensstil ändern. |
| | Wissen | Ich möchte mehr wissen. |
| | Selbstverwirklichung | Ich möchte mich verwirklichen. |
| Mitwirkung | Familie und Freunde | Ich möchte Zeit mit Familie und Freunden verbringen. |
| | Zugehörigkeit | Ich möchte wie die anderen sein. |
| | Soziales Leben | Ich möchte mit vielen verschiedenen Menschen zusammenkommen. |
| Freiheit | Ich-Bezogenheit | Ich möchte nach meinen eigenen Vorstellungen leben, unabhängig von anderen. |
| | Individualität | Ich möchte mich von anderen unterscheiden. |
| | Freiwillige Einsamkeit | Ich möchte meine eigene Welt, zu der andere keinen Zutritt haben. |
| Stabilität | Entspannung | Ich möchte mich entspannen und ausruhen. |
| | Sicherheit | Ich möchte Sicherheit für mich. |
| | Gesundheit | Ich möchte geistig und körperlich gesund sein. |

*Quelle: Kazuaki Ushikubo: »A Method of Structure Analysis for Developing Product Concepts and Its Applications«, European Research 14, Nr. 4 (1986): 174–175.*

Aus dem kognitiven Raum des Kunden ergeben sich zahlreiche Geschäftschancen. Er ermöglicht es den Unternehmen, latente Bedürfnisse zu erkennen. Sie könnten etwa eine personalisierte Website schaffen, um im Teilbereich Freiheit auf den Faktor der Ich-Bezogenheit ihrer Kunden einzugehen. Mit neuen Edutainment-Angeboten können sie die Faktoren Wissen und Entspannung in den Teilbereichen Veränderung und Stabilität bedienen.

Dabei müssen die Unternehmen jedoch immer dafür sorgen, dass jedes Angebot, mit dem sie einen latenten Wunsch befriedigen wollen, auch echte Kundenvorteile schafft. Auf die Entwicklung von Kundenvorteilen gehen wir in Kapitel 3 näher ein.

# Der Kompetenzraum des Unternehmens

Bei der Einschätzung der Marktchancen müssen die Unternehmen ihren Kompetenzraum berücksichtigen. Der Kompetenzraum bestimmt sich durch zwei Dimensionen: Bei der Kompetenzbreite geht es darum, ob die Geschäftsfelder breit angelegt oder eng fokussiert sind; bei der Kompetenztiefe geht es darum, ob sich ein Unternehmen auf physische oder wissensbasierte Aufgaben konzentriert.

## Kompetenzbreite

Unternehmen sind heute zunehmend darauf bedacht, ihre Kernkompetenzen zu definieren und diejenigen Aufgaben auszulagern, die andere Firmen besser und billiger ausführen können. Viele Unternehmen entledigen sich dabei ihrer kapitalintensiven Aktivitäten und konzentrieren sich auf einen der folgenden drei Bereiche.

## Infrastruktur

Ein Unternehmen, das den Schwerpunkt der Infrastruktur gewählt hat, konzentriert sich auf das Management häufig auftretender und sich wiederholender Abläufe in der Herstellung, Lagerhaltung, Logistik und Kommunikation. Beispiele dafür sind *Oracle* bei Datenbanksoftware, *Cisco* bei Internetroutern, *America Online* bei Internetdiensten und *FedEx* im Logistikservice. *FedEx* wiederum geht Allianzen mit zahlreichen anderen Unternehmen ein, um Lagerhaltung, Abholung, Verpackung und Auslieferung als voll integrierten Teil der Lieferkette anzubieten. Ein weiteres Beispiel ist das *GE Trading Process Network*: Auf dieser Internetplattform werden weltweite Ausschreibungen mit den angeschlossenen Zuliefererfirmen abgewickelt.[20]

## Produktinnovation und Kommerzialisierung

Unternehmen mit diesem Schwerpunkt konzentrieren sich darauf, vielversprechende neue Ideen, Produkte und Dienstleistungen zu entwickeln und auf den Markt zu bringen.[21] Beispiele sind *Sony* bei neuen Elektronikprodukten, *Liz Claiborn* bei Damenmode und Accessoires, *Intel* bei Mikroprozessoren und *Disney* in der Unterhaltung.

## Kundenbeziehung

Unternehmen mit diesem Schwerpunkt verstehen sich besonders gut auf den Aufbau starker Marken und die Markenführung sowie die Gestaltung enger Kundenbeziehungen.[22] Beispiele sind *Amazon* im Einzelhandel und *Charles Schwab* im Finanzbereich.

Eine Bank könnte sich in einem, zwei oder allen drei Bereichen engagieren, je nachdem, welche Kompetenzbreite sie erreichen möchte. Sie hat zum Beispiel die Möglichkeit, sich auf die Entwicklung neuer Produkte wie Hypotheken, Sparkonten und Kreditkarten zu konzentrieren. Sie könnte sich aber auch auf ihr Kundenwissen und ihre Vertriebswege konzentrieren, wenn sie in diesen Bereichen über besondere Wettbewerbsvorteile verfügt. Oder sie tritt als Outsourcing-Partner auf und konzentriert sich auf Aufgaben wie die Kommunikationsinfrastruktur, Risikofinanzierung, Bearbeitung und Inkasso.[23]

Manche Unternehmen legen zwei oder drei Bereiche zusammen. So wird der Erfolg von *Gateway* den Kompetenzen des Computerhändlers in den Bereichen Innovationskraft und Kundenbeziehungen zugeschrieben, während er die Produktion lieber anderen überlässt.

## Kompetenztiefe

In der digitalen Wirtschaft müssen die Unternehmen entscheiden, ob sie ihre Schwerpunkte auf wissensorientierte oder physisch orientierte Aufgaben legen sollen und ihre Strategien entsprechend ausrichten.

*Wissensorientierte Unternehmen* lagern viele kapitalintensive Prozesse aus und setzen damit Kapital frei, um sich auf Aktivitäten zu konzentricrcn, mit denen sie sich differenzieren können. Wissensorientierte Unternehmen konzentrieren sich auf die Markenentwicklung, die Kundenbeziehung und die Pflege ihrer wissensorientierten Kernkompetenzen. Sie nutzen dabei in hohem Maß das Internet, um ihre Kunden besser kennen zu lernen, setzen modernste Methoden zur Auswertung ihrer Datenbestände ein, um unverwechselbare Kundenangebote zu entwickeln, lagern nichtstrategische Geschäftsfunktionen aus und pflegen die Beziehungen zu ihren Geschäftspartnern.

Im Gegensatz dazu legen *physisch orientierte Unternehmen* ihre Strategien, Prozesse, Systeme und Funktionen so aus, dass sie sich gegenüber den wissensorientierten Unternehmen als Anbieter der Wahl für Rohstoffe und Betriebsmittel positionieren. Sie differenzieren sich, indem sie den wissensorientierten Unternehmen Produkt- und Servicewerte anbieten, ihr Kapital (Anlagen und Maschinen) effektiv einsetzen und Best-Practices implementieren. Die etablierten Unternehmen der nicht-digitalen Wirtschaft sind typische Vertreter solcher physisch orientierten Modelle.

In der digitalen Wirtschaft muss jedes Unternehmen eine bewusste Entscheidung darüber treffen, ob es physisch orientiert bleibt, wissensorientiert wird oder eine Kombination daraus anstrebt.[24] Wir gehen darauf in Kapitel 9 näher ein.

## Der Ressourcenraum der Partner

Charakteristisch für die digitale Wirtschaft sind Neugierde, Lernbereitschaft, Aufgeschlossenheit gegenüber Neuem und die Bereitschaft zur gegenseitigen Unterstützung. Bei der Schaffung neuer Märkte müssen Unternehmen möglicherweise auf die Ressourcen von Partnern zurückgreifen. Sie bauen lieber kollaborative Netzwerke auf, anstatt alle Aufgaben unter dem eigenen Dach zu erledigen. So beauftragt *iVillage* den Partner *American Baby* mit der Bereitstellung von Inhalten auf seiner Website, anstatt die Informationen rund um Babys und Kleinkinder selbst zu entwickeln. *Fogdog Sports* versucht erst gar nicht, die Käufer für seine Sportartikel allein zu finden, sondern hat eine Kooperation mit *America Online* geschlossen und ist auf diese Weise in den wichtigsten Abteilungen von *Shop@AOL* vertreten. So profitierte das Startup-Unternehmen von Anfang an von dem hohen Verkehrsaufkommen auf den *AOL*-Sites.[25] Viele Unternehmen haben derartige Kooperationen geschlossen, um ihr Wachstum auf für beide Seiten profitable Weise zu sichern. Man unterscheidet dabei zwischen horizontalen und vertikalen Kooperationen.

## Horizontale Kooperationen

Die Unternehmen der New Economy definieren ihre Kernkompetenzen und wählen die besten Partner aus, um ihre Marktchancen zu nutzen. Auf dem Business-to-Consumer-Markt (Geschäfte zwischen Unternehmen und Verbrauchern) gaben etwa *Amazon* und *Dell* im Frühjahr 1999 Pläne bekannt, das Cross-Marketing ihrer Produkte zu fördern, indem sie sich gegenseitig Website-Besucher weiterleiteten.[26] Auf dem Business-to-Business-Markt (Geschäfte zwischen Unternehmen) haben mehrere Stahlunternehmen mit *MetalSite* eine horizontale Kooperation gegründet, um überschüssige Lagerbestände durch Online-Auktionen abzustoßen.

Direkte kollaborative Netzwerke unter Wettbewerbern sind jedoch eher die Ausnahme als die Regel. Häufiger ist die indirekte Zusammenarbeit durch Joint-Ventures oder Drittfirmen. So gibt es Flug- und Eisenbahngesellschaften, die Dritte beauftragen, Lagerbestände und Betriebsgüter, die konkurrierende Firmen an ein- und demselben Standort führen, für alle gemeinsam zu verwalten. So muss nicht mehr jede Fluggesellschaft mit einer *Airbus*-Flotte an jedem großen Flughafen ein eigenes Ersatzteillager unterhalten, sondern kann sich zu weit niedrigeren Kosten bei einem Anbieter bedienen, der für alle Gesellschaften der Kooperation ein gemeinsames Lager führt.[27]

*Vertikale Kooperationen*

*Amazon* bietet ein Partnerprogramm an, bei dem die Partner auf ihrer Website einen Link zu *Amazon* installieren und dann eine Provision für Bücher erhalten, die über diesen Link verkauft wurden. Kochbegeisterte können etwa in der Online-Kochbuchhandlung bei der Gourmet-Site *StarChefs* stöbern und werden an *Amazon.com* weitergeleitet, wenn sie fündig geworden sind und ein Buch bestellen möchten. *StarChefs* erhält dafür eine Provision von bis zu 15 Prozent.[28] Bislang gibt es über 350 000 Links zu *Amazon*.

Letztlich streben Unternehmen immer an, den Wertefluss zu nutzen, der sich aus dem Unternehmen selbst, den Kunden, den Partnern und der Community ergibt. Sie müssen ihre Partner von den Vorteilen einer Zusammenarbeit überzeugen. Wichtig ist auch, dass sie jede Kooperation mit klaren strategischen Zielen beginnen und wissen, wie die Ziele ihrer Partner ihren eigenen Erfolg beeinflussen. Erfolgreiche Unternehmen betrachten jede Kooperation als Schlüssel zu den Fähigkeiten ihrer Partner. Wir gehen auf dieses Thema in Kapitel 3 noch näher ein.

# Das Umfeld der Markterneuerung

Unternehmen finden die Ideen zur Markterneuerung in vier Bereichen: im Geschäft von Verbrauchern mit Unternehmen (C2B), Unternehmen mit Verbrauchern (B2C), Unternehmen untereinander (B2B) und Verbrauchern untereinander (C2C). Ein Unternehmen kann etwa den C2B-Sektor nutzen, um aus dem Kunden-Feedback kreative Ideen abzuleiten (outside-in). Gerade dieser Bereich ist besonders wichtig, weil die Verbraucher oft bessere

Ideen liefern als die eigenen Mitarbeiter.[29] Callcenter und E-Mail-Dienste stellen effektive Schnittstellen zu den Kunden dar, die es den Unternehmen ermöglichen, ihren Kunden nicht nur zuzuhören, sondern auch Dialoge mit ihnen zu führen. Der B2C-Sektor wiederum eignet sich gut dazu, um Kunden, Communitys und Partnern neue Ideen und Angebote vorzustellen oder von ihnen testen zu lassen (inside-out). Im B2B-Sektor können Ideen, Innovationen und Wissen mit Partnern und Mitarbeitern ausgetauscht werden (inside-in). Schließlich kann das Unternehmen den C2C-Kanal nutzen, um innovative Ideen, Rückmeldungen und Kommentare in interaktiven Communitys zu verwerten (outside-out). Diese vier Sektoren stellen das Umfeld dar, in dem neues Wissen und neue Ideen entstehen.

Die Unternehmen liefern sich in der digitalen Wirtschaft einen Wettlauf im Erwerb neuer Fähigkeiten, damit sie neue wichtige Werte erkennen und anbieten können. Eine aktiv geführte Partnerschaft zwischen Unternehmen und Kunden, Partnern und Communitys hilft ihnen, ihre Nutzenangebote zu niedrigen Kosten zu maximieren und neue Chancen schneller wahrzunehmen.

# Fragen an Ihr Unternehmen

- Welchen Einfluss übt Ihre Marketingabteilung auf die anderen Abteilungen in der Frage aus, wie sie kundenorientierter werden können?
- Welche Chancen können die Marketingverantwortlichen erkennen, wenn sie das Unternehmen, seine Kunden, Partner und Communitys als Werttreiber betrachten?

- Wie weit ist es Ihrem Unternehmen schon gelungen, seine Produkte und Dienstleistungen an einzelne Kunden anzupassen? Sollte es diese Initiativen weiter ausbauen?

- Sollte Ihr Unternehmen seine funktionalen Strukturen behalten, oder sollte es abteilungsübergreifende Teams bilden, die für Schlüsselprozesse verantwortlich sind?

- Welche Maßnahmen ergreift Ihr Unternehmen, um den neuen Marktraum zu nutzen? Welche weiteren Initiativen sollte Ihr Unternehmen anstoßen?

- Wie können Ihre Marketingexperten den in Abbildung 2.1 dargestellten kognitiven Raum der Kunden nutzen?

- Wie kann Ihr Unternehmen den Ressourcenraum seiner Partner optimal nutzen?

# TEIL II
# Die Entwicklung wettbewerbs-fähiger Plattformen

# 3. Die Suche nach neuen Marktchancen

Um neue Marktchancen ausfindig machen zu können, müssen Unternehmen drei Aufgaben bewältigen: Sie müssen aus den Veränderungen im kognitiven Raum der Verbraucher neue Nutzenangebote ableiten, den Geschäftskontext unter Berücksichtigung des eigenen Kompetenzraumes prüfen und schließlich im Ressourcenraum ihrer Partner neue Kooperationsmöglichkeiten finden. Hat ein Unternehmen diese Aufgaben gemeistert, gilt es, sie in den richtigen organisatorischen Rahmen zu integrieren.

## Neue Nutzenangebote

Heutzutage werden Verbraucher mit unzähligen Produkt- und Serviceangeboten überhäuft. Gleichzeitig sind ihre kognitiven und finanziellen Kapazitäten begrenzt. Worauf es ihnen aber am meisten ankommt, sind ihre eigenen Bedürfnisse und deren Erfüllung. Um diese Bedürfnisse kennen zu lernen, müssen die Unternehmen den Entscheidungskontext ihrer Kunden verstehen: Sie müssen in Erfahrung bringen, welche Themen ihnen wichtig sind, und womit sie sich beschäftigen. Sie müssen auch herausfinden, an welchen Vorbildern sich ihre Kunden orientieren, mit wem sie interagieren, und von wem sie sich beeinflussen lassen.

## Neue Dimensionen bei der Erstellung von Nutzenangeboten

Aus der Verlagerung des Schwerpunkts von den Produktmerkmalen zur kontextabhängigen Kundenerfahrung ergeben sich neue Erkenntnisse und Ideen. Die Definition der Nutzenangebote findet heute in drei Dimensionen statt:

1. Vom Produktangebot zum Angebot von Unternehmens- und Kundenlösungen
2. Von der Produktleistung zu den Kundenerfahrungen
3. Vom Standardprodukt zum maßgeschneiderten Produkt

*Vom Produktangebot zum Angebot*
*von Unternehmens- und Kundenlösungen*
In der digitalen Wirtschaft stehen den Unternehmen zwei Strategien zur Verfügung, um Kundenvorteile zu schaffen: Sie können ihren Kunden Lösungen anbieten oder ihnen die Gelegenheit geben, Lösungen selbst zu entwerfen.

• *Unternehmenslösungen.* Die Hersteller versuchen, die Kundenabwanderung zu minimieren, indem sie keine Produkte, sondern Ergebnisse oder Lösungen anbieten. Ein Beispiel dafür ist das Gesundheitswesen. Stand bisher die Heilung von Krankheiten in seinem Mittelpunkt, entsteht derzeit ein neuer Marktraum zur Gesundheitsförderung. Die Anbieter möchten das derzeitige Honorarsystem durch ein Modell ersetzen, in dem Honorare für die Heilung oder Gesunderhaltung einzelner Menschen fällig werden. In einem weiteren Schritt entsteht dann ein Marktraum, in dem sich die Anbieter auf das umfassende Wohlergehen der Einzelnen und ihre Lebensverlängerung konzentrieren.

Jeder Anbieter muss diejenigen Lösungen definieren, die für seine Kunden relevant sind. Die Verbraucher wollen Genuss und keine Lebensmittel, gesunde Zähne und keine Zahncreme, Unterhaltung und keine CDs, saubere Kleidung und keine Reinigungsprodukte, Kommunikation und keine Geräte. Autohersteller sollten deshalb bei der Neudefinition ihrer Geschäfte einen Mobilitätsservice anbieten, der den Autokauf mit den damit verbundenen Dienstleistungen wie Finanzierung, Versicherung, Leasingmöglichkeiten und Pannenhilfe kombiniert. Anstatt Kredite zu offerieren, könnte eine Bank ein lebenslanges Geldmanagement für alle Lebenslagen anbieten. Computerunternehmen sollten versuchen, unprofitable Kunden durch Zusatzleistungen in profitable zu verwandeln.

Unternehmen wie *FedEx* schaffen nicht nur für ihre eigenen Kunden Werte, sondern auch für die Kunden ihrer Kunden. Bei einer zuverlässigen Auslieferung bietet *FedEx* dem Empfänger des Pakets (dem indirekten Kunden) ebenso wie dem Absender (dem direkten Kunden) einen echten Nutzen.[1]

Das Versicherungsgewerbe basiert derzeit auf dem Prinzip, dass Kunden für entstandene Schäden entschädigt werden. Aber die *Rand Merchant Bank* in Südafrika bietet keine Insurance, sondern Outsurance: Sie bezahlt ihre Kunden dafür, dass sie keine Ansprüche stellen, und erhöht die Prämien nicht, wenn sie einen Schadensfall melden. *Aegon*, ein niederländisches Versicherungsunternehmen, belohnt seine Kunden bis zu einer bestimmten

Altersgrenze, wenn sie sich fit halten und gesund bleiben. Die schwedische Versicherungsgesellschaft *Skandia* hat eine Kompetenzversicherung auf den Markt gebracht, bei der die Kunden Rücklagen für eventuell notwendige Schulungen oder Umschulungen bilden, um sich auch bei Veränderungen des Arbeitsplatzes im nötigen Umfang weiterqualifizieren zu können.[2]

- *Kundenlösungen.* Marktwerte können auch durch Kunden-Input-Modelle geschaffen werden. Hier spielt der Kunde eine wichtige Rolle bei der Entwicklung und Herstellung des Produktes oder der Erbringung der Dienstleistung. Bei der Entwicklung solcher Angebote fragen die Anbieter ihre Kunden: »Welche Eigenschaften wünschen Sie?«

  Der japanische Einzelhändler *Muji* liefert funktionelle markenlose Basisprodukte ohne Schnickschnack, mit denen sich jeder Kunde seinen eigenen Lebensstil kreieren kann. »Während die Gesellschaft immer einheitlicher wird«, sagt Ariga Kaoru, der Präsident von *Muji*, »entwickeln die jungen Leute einen Lebensstil nach ihren eigenen Werten.« *Muji* ermutigt seine Kunden, sich von Modemarken zu entfernen und stattdessen das Einfache zu suchen.[3] Weitere Beispiele für den Entwurf von Kundenlösungen sind die Do-it-Yourself-Projekte von *The Home Depot* und die Designprojekte des Modeherstellers *Gap.com*.

## Von der Produktleistung zu den Kundenerfahrungen

Viele Marktangebote werden sich immer ähnlicher, weil es für die Unternehmen immer leichter wird, sie zu kopieren. Paul Goldberger, leitender Kulturkorrespondent der *New York Times*, urteilte über das Produktdesign: »Es mag zwar alles immer besser werden, aber es wird auch immer gleicher.«[4] Folglich treffen die Kunden ihre Kaufentscheidung weniger nach dem Kriterium der Produktmerkmale, sondern eher nach dem der Erfahrungen, die ihnen der Anbieter in Aussicht stellt.

Viele Unternehmen ziehen Kunden an, indem sie ihnen ermöglichen, ihre Produkterfahrungen selbst zu gestalten. Sie konzentrieren sich nicht mehr auf das Angebot selbst, sondern darauf, wie es der einzelne Kunde nutzt. So ist in vielen Themenrestaurants – wie dem *Hard Rock Café* und *Dive!* – die Speisekarte nur Beiwerk zu ihrem »Eatertainment«-Konzept. Einzelhändler wie *FAO Schwarz*, *Jordan's Furniture* und *Niketown* orientieren sich am »Shoppertainment« oder »Entertailing« und beziehen die Verbraucher in Spaßaktivitäten und Werbeveranstaltungen ein.

Weitere Beispiele sind die Gastfreundschaft bei *Ritz-Carlton*, das Mieten eines Autos bei *Hertz*, die Nachtruhe bei *Select Comfort*, das »Lichterlebnis« bei *Lutron* und der Lebensmitteleinkauf über *Peapod*.[5] Selbst Firmen wie *Intel* möchten Erfahrungen anbieten. Andrew Grove, Chairman von *Intel*, meinte dazu: »Unser Geschäft besteht nicht nur aus dem Zusammenbau und dem Verkauf von PCs. Es besteht darin, Informationen und lebensnahe interaktive Erfahrungen zu ermöglichen.«[6]

*Vom Standardprodukt zum maßgeschneiderten Produkt*
Im Industriezeitalter wurden standardisierte Massenprodukte hergestellt. Heute ermöglicht die Digitalisierung in vielen Bereichen echte Maßanfertigungen. Die Kunden können angeben, welche Merkmale ein Produkt, eine Dienstleistung oder eine Erfahrung aufweisen sollen. Bei *Levi's* können sie eine maßgeschneiderte Jeans bestellen und bei *Dell* ihren neuen PC nach eigenen Vorstellungen konfigurieren. Internet-Musikanbieter liefern CDs, die nur diejenigen Songs enthalten, die ihre Kunden angeben. Manche Sites haben sogar eine Call-Me-Schaltfläche, die bei Anklicken zu einem soforti-

gen Telefonanruf durch einen Mitarbeiter führt, der dann auf Fragen und Wünsche des einzelnen Kunden eingeht.[7] Diese Unternehmen kommen dem Ziel, die Bedürfnisse einzelner Kunden zu befriedigen, viel näher als die Hersteller von Standardprodukten.

## Neuausrichtung des Geschäftskontextes

Der Trend zur Optimierung der kontextabhängigen Kundenerfahrungen erfordert, dass die Unternehmen auch ihren Geschäftskontext überarbeiten. Viele Unternehmen werden dabei feststellen, dass sie neue Fertigkeiten und vielleicht auch neue Partner benötigen. Banken müssen ihren Kunden nicht nur zu den üblichen Geschäftszeiten, sondern 24 Stunden täglich zur Verfügung stehen. Sie werden mehr Bankautomaten aufstellen und Online-Banking anbieten müssen, um den Erwartungen ihrer Kunden gerecht zu werden.

Auch die globalen Kräfte und Trends erfordern Veränderungen im Geschäftskonzept der Unternehmen. Der globale Trend zur Deregulierung etwa hat dazu geführt, dass viel mehr Nicht-Banken eine breite Palette von Finanzdienstleistungen anbieten. Der Autohersteller *Volkswagen* zählt heute außerhalb des Bankensektors zu den größten Finanzanbietern in Europa. Beginnend mit Autokrediten für Kunden hat *VW* seine Finanzdienstleistungen auch auf Hypotheken und viele Anlageprodukte ausgedehnt.[8]

Weiterhin erfordern auch die Globalisierung sowie der Trend zur Bildung von Kooperationen, zum Outsourcing und zum Handel mit Internetinhalten eine Neuausrichtung der Geschäfte. »*Microsoft* ist schon jetzt an Unternehmen beteiligt, die direkt in Konkurrenz zu großen Medienkonzernen wie *Time Warner* und *News Corporation* stehen. *Microsoft* besitzt mehr als 10 Prozent von *Comcast*, einer der größten Kabelgesellschaften Amerikas, und es hat ein Joint-Venture mit der *Disney Corporation* geschlossen, um Material für das Internet zu entwickeln.«[9]

Die digitalen Technologien zählen zu den Hauptkräften in der Wettbewerbsdynamik. Einerseits ermöglichen sie es Newcomern wie *Travelocity.com, Amazon.com* und *E\*Trade*, die traditionellen Absatzmittler zu umgehen und direkt zu verkaufen. Andererseits erleichtern sie es neuen Mittlern, im Internet aufzutreten. So präsentieren und vergleichen Informationsmakler (etwa *comparenet.com*) die Merkmale und Preise aller lieferbaren Produkte, die bei verschiedenen Internethändlern angeboten werden. Als Folge davon sinken die Anbieterpreise, die Kunden sind besser über Produkteigenschaften und Preise informiert, und die Informationsmittler kommen in die Gewinnzone.

Wollen sie auf diese Gefahren reagieren, haben traditionelle Absatzmittler nur zwei Möglichkeiten: Sie müssen sich neu erfinden, oder sie gehen unter. Sie haben eine Überlebenschance, wenn sie in die Rolle eines Logistikanbieters, Informationsdiensteanbieters oder Intermediärs schlüpfen und eine attraktive Palette von Produkten und Dienstleistungen anbieten. Oder sie nutzen die digitalen Technologien und überleben durch eine nach vorn gerichtete Integration. *Ingram*, ein führender US-Computergroßhändler, hat in den Direktvertrieb über das Internet investiert und *Buycom.com* gegründet. Nach seinem Erfolg damit hat *Ingram* begonnen, weitere Warenkategorien anzubieten, und den Namen der Site in *Buy.com* geändert.

Jedes Unternehmen sollte drei Maßnahmen durchführen, um seinen Geschäftskontext neu auszurichten: Es sollte sein Geschäftsmodell (neu) definieren, seinen Geschäftsumfang (neu) gestalten und seine Markenidentität (neu) positionieren.

# Das Geschäftsmodell (neu) definieren

In einem dynamischen und wettbewerbsorientierten Umfeld benötigen die Unternehmen eine fokussierte Strategie. Deren Blickpunkt sollte eher auf einer großen Idee als auf einer Produktkategorie, einem Marktsegment oder einer Kernkompetenz liegen.

Erfolgreiche Unternehmen sehen ihre Aufgabe heute weniger darin, Produkte oder Leistungen zu verkaufen, sondern Werte für Kunden zu erkennen, zu entwickeln und anzubieten. Sie besitzen ein Gespür für die wahren Kundenwünsche, weil sie ihre Kunden, Partner und Mitarbeiter kennen. *IKEA* etwa ist für seine Kunden kein Möbelhersteller, sondern ein Unternehmen, das für die umfassendere Idee steht, »den Alltag möglichst vieler Menschen zu verbessern«.

Auch andere Unternehmen haben eine große Idee:

- *Disneys* Ziel lautet, »Menschen glücklich zu machen«.
- *Saturn* steht nicht nur für ein Auto, sondern für »Harmonie«.
- *Sony* und *Bang & Olufson* sind mehr als Elektronikhersteller: *Sony* strebt die »perfekten Minigeräte« an, und bei *Bang & Olufson* geht es um »Poesie«.
- Bei *Amazon* geht es um das »Umfassende«, wie der Pfeil zeigt, der durch das Firmenlogo von *A* bis *Z* geht und die Idee versinnbildlicht, dass bei *Amazon* alle Kundenwünsche in Erfüllung gehen.
- *Starbucks* bietet eine angenehme Umgebung, in der sich die Menschen wohl fühlen, wenn sie Kaffee trinken, plaudern und Zeitung lesen. Der soziale Aspekt ist wichtiger als der Kaffee.
- *Southwest Airlines* steht für die Einstellung, dass Fliegen Spaß macht.

- Der Netzwerkausrüster *Cisco* glaubt an die Kraft der »Outside-in«-Methode: Er möchte, dass seine Kunden die Entwicklung seiner Unternehmens- und Geschäftsstrategien maßgeblich beeinflussen.

Viele Unternehmen sind in der digitalen Wirtschaft zu Navigatoren oder Agenten geworden, die es ihren Kunden ermöglichen, sich auf dem Markt zu orientieren und die für sie besten Angebote zu finden.

## Den Geschäftsumfang des Unternehmens (neu) gestalten

Um neue Kundenvorteile in echte Geschäftschancen zu verwandeln, müssen Unternehmen manchmal den Umfang ihrer Geschäftstätigkeit erweitern oder anpassen. So siedeln Supermärkte Tankstellen auf ihrem Gelände an, oder sie bieten Bestell- und Lieferdienste im Internet an.[10] Es gibt noch viele weitere Möglichkeiten, wie folgende Beispiele zeigen:

- Die *Barclays Group* ist Inhaberin von 17 Online-Einkaufszentren geworden und hat ihren Namen in *Barclays Square* geändert, um das neue Geschäftsmodell auch nach außen hin zu dokumentieren.
- Die ehemalige *British Gas* hat ihren Namen in *BG* geändert und ist im Internet zu einem wichtigen Anbieter von Energiesparprodukten geworden.
- Die *British Telecom* verdient drei Mal so viel Geld mit ihren neuen Dienstleistungen wie mit dem Betrieb des Telefonnetzes selbst.
- Einige Medienunternehmen wie *QVC* sind auch als Einzelhändler tätig, während andere wie *Reuters* und *Bloomberg* Finanzdienstleistungen in ihr Angebot aufgenommen haben.

- Die Energiegesellschaften *Shell, Mobil* und *BP* betätigen sich im Handel, während andere wie *Energis* Telekommunikationstöchter gegründet haben.[11]
- *1-800-FLOWERS* betrachtet sich nicht als Blumenhändler, sondern als Dienstleister, der »seinen Kunden hilft, Geschenke zu machen«.[12]
- *Travelocity* verkauft nicht mehr nur Flugtickets, sondern bietet auch eine Palette weiterer Dienstleistungen an, die mit dem Reisen zusammenhängen.[13]
- Die britische Drogeriekette *Boots* bietet unter der Marke *Boots* eine Vielzahl von Gesundheitsprodukten an, darunter auch Krankenversicherungen.[14]

Auch viele nicht auf Gewinnerzielung ausgerichtete Unternehmen durchlaufen den Umgestaltungsprozess. *The British Council*, eine staatliche Einrichtung zur weltweiten Förderung der britischen Kultur, betreibt profitable Sprachschulen. Die Einrichtung tritt also gleichzeitig in der Rolle eines Unternehmens und einer gemeinnützigen Bildungseinrichtung auf.[15]

Zwei Grundfragen sollten bei der Umgestaltung der Geschäftstätigkeit gestellt werden: »Welchen Umfang haben die Geschäfte des Unternehmens derzeit?« und »Welchen Umfang sollten die Geschäfte des Unternehmens vor dem Hintergrund des neuen Geschäftsmodells in Zukunft haben?« Toshifumi Suzuki, ehemaliger President von *Seven-Eleven Japan*, zog die Konsequenzen aus diesen Fragen und leitete den Übergang vom Einzelhandelskonzern zum Informationskonzern ein:

[Suzuki] nutzte die Informationstechnologie, um mehr Bequemlichkeit, Qualität und Service zu bieten, indem er gewährleistete, dass die Regale mehrmals täglich entsprechend den Bestellungen der einzelnen Filialleiter aufgefüllt wurden. Er begann auch, für seine Filialleiter Schulungen zu organisieren, in denen sie nicht nur lernten, Kunden- und Absatzinformationen zu erheben, sondern auch, diese Informationen sinnvoll auszuwerten.[16]

Mit der Verlagerung der Abläufe von einem Marktplatz mit einer physischen Wertkette in einen Marktraum mit einer virtuellen Wertkette geht also die Aufgabe einher, den Umfang der Geschäfte einer gründlichen Prüfung zu unterziehen.

## Die Markenidentität des Unternehmens (neu) positionieren

Um effektiv mit Kunden und Partnern zu kommunizieren, müssen Unternehmen gewährleisten, dass sich ihre Geschäftsmodelle in ihrer Markenidentität spiegeln. Viele führende Unternehmen des Industriezeitalters waren Inside-out-Unternehmen und damit eher auf sich selbst als auf ihre Kunden konzentriert. In der digitalen Wirtschaft jedoch konkurrieren die Unternehmen darum, sich mit den brillantesten Ideen, Konzepten oder Themen zu profilieren. Deshalb orientieren sie sich bei ihrer Markenführung immer mehr am Outside-in-Prinzip und schaffen so unverwechselbare und sehr persönliche Marken, wie folgende Beispiele zeigen:

- *Microsoft*: »Where do you want to go today?« steht für Mobilität und Ortsunabhängigkeit.
- *Apple*: »The power to be your best« und »Think Different« stehen für Unterschiede und Individualität.
- *Nike*: »Just Do It« und »I Can« stehen für den Sieg.

Ein Unternehmen kann mit dem Namen seiner Marke sogar schon sein Angebot bezeichnen, wie *CarPoint* (Autoverkauf und -finanzierung) und *Home-Advisor* (Immobilien).[18]

# Neue Kooperationsmöglichkeiten im Ressourcenraum der Partner

Die Suche nach neuen Chancen erfordert nicht nur, dass die Unternehmen Kundentrends erkennen und ihre Geschäftskonzepte überarbeiten, sondern sie müssen sich auch um die benötigten Ressourcen kümmern. Viele dieser Ressourcen müssen bei Geschäftspartnern beschafft werden.

In der Vergangenheit haben sich die Unternehmen in einer einfachen, linearen Kette organisiert, die von den Rohstoffverarbeitern über die Hersteller bis zu den Groß- und Einzelhändlern reichte. In der digitalen Wirtschaft wird diese lineare Kette durch das kollaborative Netzwerk ersetzt. Jedes Unternehmen sollte versuchen, die wertvollsten Nischen in den kollaborativen Netzwerken zu besetzen – also jene, mit denen es die Beziehungen zu anderen Unternehmen und deren Kunden maximieren kann. Doch die Grundlagen dieser Beziehungen ändern sich ständig, weshalb auch die erfolgreichsten Unternehmen sie ständig neu bewerten und überprüfen müssen.

Für die Kooperation mit neuen Geschäftspartnern gibt es zwei Modelle: das Outsourcing und der Handel mit Internetinhalten.

## Kooperation durch Outsourcing

Unternehmen sollten sich auf ihre Kernkompetenzen konzentrieren und die anderen Aktivitäten an Firmen vergeben, die diese Aufgaben besser und kostengünstiger erledigen. Die folgenden Beispiele wurden von David Edelman und Dieter Heuskel beschrieben:[19]

- *Outsourcing von Innovationen oder Technologien.* Ein Unternehmen mit exzellenten Fähigkeiten in der Produktinnovation und -entwicklung sollte diese Aufgaben weiterhin selbst wahrnehmen. Es könnte sogar versuchen, neue Verfahren an andere Unternehmen zu verkaufen oder Lizenznehmer zu finden. So hat *Procter & Gamble* einen Prozess entwickelt, um Zitrussäfte mit Calcium anzureichern, und vergibt Lizenzen für dieses Verfahren an andere Getränkehersteller. Umgekehrt sollten Unternehmen auch Gelegenheiten nutzen, sinnvolle Technologien bei anderen Firmen einzukaufen.
- *Outsourcing der Produktion.* Wenn ein Unternehmen hervorragende Fähigkeiten in der Produktion besitzt, aber keine starke Marke aufgebaut hat, gibt es zahlreiche Möglichkeiten, die eigenen Produkte an Markenfirmen zu verkaufen. Möchte sich umgekehrt ein Unternehmen auf seine Marke und nicht auf den Besitz physischer Güter konzentrieren, muss es ein Lieferantennetz aufbauen. Dabei ist es wichtig, an den möglichen Verlust von Kosten- und Technologievorteilen zu denken, der mit dem Outsourcing der Produktion einhergehen könnte.
- *Outsourcing von Vertriebsaufgaben.* Ein Unternehmen mit effizienten Vertriebsabläufen sollte diese bestmöglich nutzen und vielleicht sogar Logistikleistungen an Dritte verkaufen. Bei ineffizienten Abläufen dagegen sollte es die Zusammenarbeit mit einem externen Vertriebspartner in Betracht ziehen. Allerdings ist bei einer solchen Entscheidung auch die Überlegung wichtig, ob die Auslagerung der Vertriebsaufgaben die Fähigkeit des Unternehmens beeinträchtigen könnte, Serviceleistungen individuell an die Kunden anzupassen.

## Kooperation durch den Handel
## mit Internetinhalten

Ein Unternehmen kann Informationen oder Serviceleistungen bei Anbietern beschaffen, die Internetinhalte an eine große Zahl von Abnehmern zu niedrigen Grenzkosten verkaufen. Ein Beispiel dafür ist *Reuters,* das Nachrichten aus vielen Quellen zusammenstellt und sie dann Firmen wie etwa *E\*TRADE* überlässt, die keine eigenen Inhalte produzieren möchten. Diese Firmen mieten Inhalte bei *Reuters,* wenn es um Finanznachrichten geht, bei *BigCharts.com,* wenn sie Aktiencharts veröffentlichen wollen, oder bei *Bridge Information Systems,* das Börsenkurse anbietet. Auch diese Anbieter schaffen die Inhalte meist nicht selbst, sondern bereiten sie nur auf. Würden ihre Abnehmer, etwa *E\*TRADE,* selbst Inhalte entwickeln, könnten sie dieses Material ebenfalls an andere Finanzdienstleister verkaufen.[20]

Neben Informationen können auch kommerzielle Prozesse gehandelt werden. So gibt es Firmen, die Prozesse für Kreditwürdigkeitsprüfungen, die Bestellung und Bezahlung von Waren im Internet oder Logistikfunktionen anbieten. Ein Startup-Unternehmen kann diese Geschäftsprozesse mieten, ohne die Software gleich kaufen zu müssen.

Das Outsourcing und der Handel mit Internetinhalten bieten also mehrere Vorteile:

- Sie können die Wettbewerbsposition des Unternehmens und damit seine Profitabilität verbessern.
- Sie ermöglichen es den Unternehmen, sich auf ihre Kernkompetenzen zu konzentrieren und die ihnen verbliebenen Aufgaben kompetent und umfassend zu bewältigen.

- Es müssen weniger Investitionen in die Entwicklung von Fertigkeiten und in die Infrastruktur vorgenommen werden.
- Die organisatorische Flexibilität steigt, sodass sich die Unternehmen schnell auf neue Wettbewerbsbedingungen und technologi-
  sche Fortschritte einstellen können.

Allerdings sollte man nicht vergessen, dass die Beziehungen zu den
Partnern ein hohes Maß an Vertrauen voraussetzen und nur funktionieren, wenn beide Seiten profitieren.

# Entwicklung eines Rahmens
# für die Unternehmensorganisation

Auch wenn sich die Märkte noch so rasant weiterentwickeln, müs-
sen die Unternehmen dafür sorgen, dass ihre Interaktionen mit den
Kunden und kollaborativen Netzwerken so kohärent wie möglich
bleiben. Sie benötigen deshalb einen geeigneten Rahmen für die
Unternehmensorganisation, in dem sie ihre Nutzenangebote an die
Kunden, die Kontakte zu ihren Kooperationspartnern und den
Umfang ihrer Geschäfte integrieren und organisieren können.

Ein solcher Rahmen sorgt dafür, dass die Beziehung zwischen dem
Unternehmen und seinen Ansprechpartnern reibungslos geführt
werden kann. Er erschöpft sich nicht in der Vorgabe von Regeln und
Vorschriften, in denen die rechtlichen Aspekte der Unternehmensorganisation festgelegt werden. Amir Hartman, John Sifonis und John
Kador meinen, dass eine von einem Unternehmensgremium ausgearbeitete Satzung dazu die Teamarbeit fördert, die Formulierung
klarer und messbarer Ziele ermöglicht, für eine effiziente Verteilung

der Zuständigkeiten sorgt und die Konsistenz der Entscheidungsfindung im gesamten Unternehmen fördert.[21]

Die Unternehmensorganisation berührt einige der schwierigsten Fragen, denen Unternehmen heute gegenüberstehen, etwa folgende:

- Sollte das Unternehmen für seine Internetaktivitäten eine eigene Gesellschaft gründen, oder sollte es diese Bemühungen in die vorhandene Struktur eingliedern?
- Wie viel sollte das Unternehmen in die Fortführung der vorhandenen Geschäfte investieren und wie viel in die Entwicklung neuer Chancen? Verfügt das Unternehmen über effektive Methoden und Instrumente, um Geschäftsinitiativen zu bewerten und auszuwählen und um Ressourcen zuzuweisen?
- Wer trifft in den neuen Geschäftsbereichen die Entscheidungen? Wie kann das Management sicherstellen, dass die neuen Geschäftsfelder reibungslos neben den vorhandenen funktionieren?

Ein Unternehmen muss in der Lage sein, auch in einem turbulenten Umfeld eine kohärente Strategie zu verfolgen, gleichzeitig aber auch auf neue Bedingungen zu reagieren. Dazu muss es ein Gleichgewicht zwischen seiner Ausrichtung und seiner Anpassungsfähigkeit finden. Während die Ausrichtung eines Unternehmens durch die Strategie definiert wird, ermöglicht es ihm die Anpassungsfähigkeit, erforderlichenfalls die Richtung zu wechseln. Die Ausrichtung hält das Unternehmen fokussiert und sorgt dafür, dass es mit seinen Partnern an einem Strang zieht und gemeinsame Ziele erreicht. Jeder Partner hat klare Aufgaben und Zuständigkeiten. Es findet eine regelmäßige Erfolgskontrolle statt, etwa mit Hilfe von *Performance Scorecards*, in denen Kennzahlen gemessen und festgehalten werden. Die Ergebnisverantwortung spielt eine wichtige Rolle und wird durch Belohnungssysteme unterstützt.

Ein anpassungsfähiges Unternehmen muss seine Grundannahmen regelmäßig überprüfen, etwa folgende: »Wir vertreiben unsere Produkte nicht direkt, sondern über ein Händlernetz«, »Wir können nicht mit Unternehmen X zusammen arbeiten, weil wir mit ihm konkurrieren«, oder »Den Mitarbeitern ist nicht zu trauen, deshalb müssen wir sie ständig kontrollieren und antreiben.«[22] Einige dieser Annahmen müssen möglicherweise geändert werden. Ein Unternehmen muss vielleicht seine Organisation ändern oder neue Partner suchen, um auf neue Chancen oder Bedrohungen zu reagieren. Es muss auf jeden Fall seine Standpunkte mit den vorhandenen Partnern besprechen. Das Unternehmen und seine Partner wollen vielleicht auch einzeln oder gemeinsam experimentieren und neue Ideen umsetzen. Zusammengefasst gesagt: Es muss Spielräume dafür schaffen, um institutionelle Systeme und Beziehungen im Licht der sich ändernden Märkte und Technologien zu ändern und anzupassen.[23]

## Fragen an Ihr Unternehmen

- Definiert Ihr Unternehmen seine Vorteile durch Produkte und Dienstleistungen oder durch die damit erzielten Ergebnisse?
- Hat Ihr Unternehmen seine Angebote schon weit genug an einzelne Kunden angepasst? Wenn nicht, warum nicht?
- Welche sind die Kernkompetenzen Ihres Unternehmens? Welche Aufgaben könnte Ihr Unternehmen auslagern? Welche Möglichkeiten gibt es, um Internetinhalte zu kaufen oder selbst auf dem Markt anzubieten?
- Ist Ihre Unternehmensorganisation flexibel genug, um die Anpassung an neue Bedingungen zu ermöglichen?

# 4. Erfolgreiche Produktinnovationen

Mit den vier Grundbausteinen des kognitiven Raums des Kunden, des Kompetenzraums des Unternehmens, der Kundenvorteile und des Geschäftskontextes verfügen die Anbieter über eine Ausgangsposition, um die Plattform der Marktangebote strategisch zu bearbeiten (siehe Abbildung 4.1).

**Abbildung 4.1:** Die Plattform zur Entwicklung von Marktangeboten

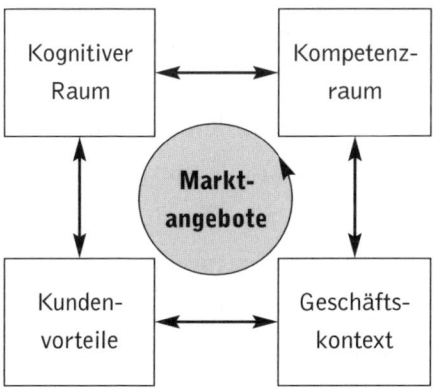

Zu Beginn dieses Kapitels gehen wir auf die Vielfalt der möglichen Marktangebote ein. Dann untersuchen wir zwei allgemeine Strategien zur Entwicklung von Marktangeboten: Die Erweiterung der Kundenvorteile (durch Choice Maps) und ihre Vertiefung (durch Choice Boards). Schließlich zeigen wir, wie die Anbieter ihr Nutzenangebot so formen können, dass sie damit ihre Marktstrategien unterstützen.

# Die Vielfalt möglicher Marktangebote

Unternehmen haben heute zahllose Möglichkeiten, um verschiedene Marktangebote zu entwickeln.[1] Diese können folgendermaßen unterteilt werden:

- Digitale und physische Produkte
- Immaterielle und materielle Angebote
- Intelligente Produkte
- Inhalte und Inhaltsträger

## Digitale und physische Produkte

Bei den digitalen Produkten handelt es sich meist um Finanzdienstleistungen, Nachrichtendienste, Unterhaltungs- und Multimediaprodukte sowie Software – also Produkte, die auf Informationen basieren. Diese Produkte sind naturgemäß leicht zu kopieren. Dennoch zeigt die digitale Welt keine Gnade gegenüber Nachahmern. Es führt garantiert nicht zum Erfolg, *Dell Computer* oder *Amazon.com* imitieren zu wollen.

Das Internet hat innovative digitale Produkte wie die Online-Werbung, das Online-Gaming, Chatrooms, Suchmaschinen und Zertifizierungsdienste hervorgebracht. Um diese digitalen Angebote zu vermarkten, schlagen die Unternehmen unterschiedliche Wege ein, etwa das Angebot eines Produkts in verschiedenen Versionen (Versioning), seine individuelle Abstimmung auf einzelne Kunden oder die Produktbündelung.

Die digitalen Technologien haben sich auf die Funktionalität vieler physischer Produkte ausgewirkt. So waren die Digitalkameras die Nachfolger der 35-Millimeter-Kameras. Digitalkameras bieten völlig neue Funktionen: So kann ihr Besitzer seine Schnappschüsse ausdrucken, sie per E-Mail verschicken, ins Internet stellen oder auf dem Fernsehbildschirm anzeigen.[2]

*United Parcel Service* nutzt das Internet, um sich nicht nur als Paketzusteller, sondern auch als Informationslieferant zu positionieren. Mit dem *Document-Exchange*-Service etwa können Firmen ihre Dokumente kostengünstig und sicher über das Internet übertragen, wobei sie dieselben Vorteile wie die Paketkunden haben (Paketverfolgung, Lieferbestätigung et cetera). Das Internet ermöglicht es *UPS* auch, auf die Kunden zugeschnittene Logistikabläufe zu planen. *UPS* kann so beispielsweise gewährleisten, dass Lieferungen aus verschiedenen Ländern genau rechtzeitig dort eintreffen, wo sie benötigt werden.

## Immaterielle und materielle Produkte

Jedes Marktangebot besteht aus einem Mix aus immateriellen und materiellen Komponenten. Craig Terrill und Arthur Middlebrooks kategorisieren die Angebote in vier Gruppen, je nachdem, an wen oder was sie sich richten: an den Geist der Kunden (etwa Beratungs- und Informationsdienstleistungen), an den Körper der Kunden (etwa Restaurants, Transport und Verkehr), an materielle Güter (etwa Zustelldienste über Nacht oder Autoreparaturen) und an immaterielle Werte (etwa Versicherungen und Banken).[3] In den meisten Fällen kümmern sich die Kunden wenig um die erforderlichen Voraussetzungen dafür, dass der Anbieter seine Versprechen einhält, sondern ihnen ist nur das Ergebnis oder die Erfahrung selbst wichtig. Deshalb versuchen immer mehr Unternehmen, die immateriellen Leistungen zu differenzieren, mit denen sie die gewünschte Kundenerfahrung schaffen.

## Intelligente Produkte

In zahlreichen Produkten befinden sich heute elektronische Bauteile, die sie intelligenter machen sollen. Heute ist die intelligente Elektronik vieler Neuwagen kostspieliger als die Karosserie. Viele Elektrogeräte wie Mikrowellen und Stereoanlagen sind mit Chips ausgerüstet, und auch Fahrstühle und Verkaufsautomaten sind ohne Chips nicht mehr denkbar. *Schlumberger* und *Swatch* haben eine neue Uhr auf den Markt gebracht – *Swatch Access* –, mit deren Chipkarte Verkehrstickets bezahlt werden können. Im B2B-Marketing nutzen viele Unternehmen das Internet dazu, neue Werte zu schaffen, indem sie manuelle Routineprozesse ersetzen, aufrüsten oder gleich ganz abschaffen.

## Inhalte und Inhaltsträger

Produkte sind entweder vorwiegend Träger von Inhalten, wie Filmprojektoren oder Drucker, oder Inhalte, wie Videos und Software. Inhaltsträger für sich allein sind im Allgemeinen wertlos. Ein Filmprojektor erfüllt seinen Zweck nicht, solange es keinen Film zu zeigen gibt, und ein Drucker nützt nichts, solange es keine Dokumente zu drucken gibt.

Viele Unternehmen spezialisieren sich entweder auf das Geschäft mit Inhaltsträgern oder mit Inhalten. Aber dieser Unterschied verwischt sich bei vielen digitalen Technologien. Ein Inhaltsanbieter kann durchaus auch Inhaltsträger anbieten und umgekehrt. Unternehmen können sich also in beiden Bereichen profitabel engagieren.

Während Inhaltsträger greifbare Produkte sein können, etwa PCs oder Mikrochips, sind sie oft erst als immaterielle Produkte wirklich wertvoll, etwa in Form »einer Architektur, einer Anwendung, eines Kanals, einer Infrastruktur oder einer Plattform«.[4]

# Die Entwicklung neuer Produkte

Unternehmen können ihre Produktentwicklung auf zweierlei Weise betreiben. Zum einen können sie den Produktwert für die Kunden ausbauen, indem sie die kontextbezogene Kundenerfahrung erweitern. Zum anderen können sie den Produktwert für die Kunden vertiefen, indem sie die Marktangebote individualisieren, um ihnen individuelle kontextbezogene Erfahrungen zu bieten. Wir beschreiben die beiden Methoden mit Hilfe der Choice-Map- und Choice-Board-Konzepte.

# Die Erstellung einer Choice Map

Eine Choice Map enthält eine Reihe möglicher Optionen, die einzelne Kunden auswählen können, damit ihre Bedürfnisse in einem spezifischen Kontext oder Zeitrahmen erfüllt werden. Unternehmen können eine Choice Map in drei Schritten erstellen: Zunächst analysieren sie die Verbrauchskette beim Kunden, dann vollziehen sie die Lernerfahrung des Kunden nach, und darauf basierend entwickeln sie schließlich die kontextabhängigen Angebote.

## Analyse der Verbrauchskette des Kunden

Das Verständnis des Lebenskontextes des Kunden ist der Schlüssel zur Erstellung eines differenzierten Marktangebots. Die Anbieter sollten deshalb ihre Kunden danach fragen, wie sie vorgehen, wenn sie ein Produkt auswählen, kaufen, nutzen und schließlich ersetzen. Mit diesen Informationen können die Unternehmen dann überlegen, ob und wie sie in den einzelnen Phasen dieser Verbrauchskette neue Werte oder Vorteile schaffen und anbieten können.

Folgende Fragen sind geeignet, um Einzelheiten über die Verbrauchskette in Erfahrung zu bringen:[5]

- Wie erkennen die Verbraucher, dass sie das Produkt benötigen?
- Wie finden sie das Produkt?
- Wie treffen sie ihre endgültige Kaufentscheidung?
- Wie bestellen und kaufen sie das Produkt?
- Wie wird das Produkt geliefert?
- Was geschieht, wenn das Produkt geliefert wird?
- Wie wird das Produkt installiert?

- Wie wird das Produkt bezahlt?
- Wie wird das Produkt gelagert?
- Wofür benutzt der Kunde das Produkt wirklich?
- Wann brauchen Kunden Hilfe, wenn sie das Produkt benutzen?
- Welche Rückgabe- oder Umtauschbedingungen gelten?
- Wie wird das Produkt repariert oder gewartet?
- Wie wird das Produkt ersetzt?

Sandra Vandermerwe entwickelte eine ähnliche Idee, als sie den »Zyklus der Kundenaktivitäten«[6] aufzeichnete. Die Verbrauchskette (oder der Zyklus der Kundenaktivitäten) hilft den Unternehmen, die Wertkette in ihrem größeren Zusammenhang zu sehen. So wurde der einfache Vorgang, Wäsche zu waschen, durch die Wertkette ermöglicht, die der Waschmaschinenproduzent, der Waschpulverhersteller, der Wäschefabrikant, der Stromlieferant und der Wasserversorger aufgebaut haben.[7] Durch die Identifikation der Aktivitäten in den Wertketten können die Unternehmen neue Wege finden, um diese Wertketten zum Vorteil des Kunden zu verknüpfen.

Mohanbir Sawhney beobachtete, dass Unternehmen im Sinne von Produkten und Dienstleistungen denken, während die Verbraucher im Sinne von Aktivitäten denken. Im kognitiven Bereich des Kunden verknüpfte Aktivitäten werden meist von mehreren Unternehmen angeboten. Sawhney prägte den Begriff Metamärkte für solche Aktionen, die Kunden ausführen, um einen bestimmten Bedürfniskomplex zu erfüllen.[8] Beispiele für Metamärkte sind der Kauf eines Autos (Kauf, Finanzierung, Versicherung und Ausstattung des Wagens), der Bau eines Hauses (Beauftragung von Elektrikern, Installateuren und anderen Handwerkern) und die Planung einer Hochzeit (Auswahl von Blumen, Kauf eines Brautkleids und Versendung von Einladungen).

Die Konzepte der Verbrauchskette, des Zyklus der Kundenaktivitäten und der Metamärkte ermöglichen es den Unternehmen,
den Entscheidungskontext einzelner Kunden besser zu verstehen.
In vielen Fällen sind die tatsächlichen Leistungen eines Produktes
weniger wichtig als die damit verbundenen Aktivitäten. Ein Beispiel dafür ist die Buchhandelsbranche. *Barnes & Noble* und *Borders* haben die Erfahrungen, die ihre Kunden beim Bücherkauf
machen, erweitert: Sie haben Cafés neben ihren Bücherregalen eingerichtet, Buchclubs gegründet und Autorenlesungen und andere
Veranstaltungen organisiert. Sie hatten die Kette der Kundenaktivitäten untersucht und herausgefunden, dass sie in Büchern stöbern, Freunde treffen, Kaffee trinken und an Lesungen teilnehmen
wollten.[9]

Der schwedische Papierhersteller *SCA* hat sein Geschäft mit
Babywindeln unter der erweiterten Perspektive der Verbraucher
betrachtet und daraufhin die Website *www.libero.dk* als Community für Eltern und werdende Eltern geschaffen. Auf der Site findet
man Expertentipps zur Säuglingspflege, Tipps zur Wahl der richtigen Windel, Namenslisten und vieles andere mehr. Die Website-
besucher können Kinderkleidung und -zubehör gratis zum Kauf
anbieten und individuelle Websites für ihre Babys gestalten – einschließlich Fotos, die Freunde und Verwandte auf der ganzen Welt
ansehen können.[10]

## Die Lernerfahrung der Verbraucher

Um eine Choice Map zu entwickeln, muss ein Unternehmen die
Lernerfahrung der Verbraucher untersuchen. Man unterscheidet
zwischen prozessbasierten und inhaltsbasierten Lernerfahrungen.

Das prozessbasierte Lernen betrifft die Merkmale des Produkts und seine Nutzung. Wenn ein Internetsurfer etwa auf ein Branchenverzeichnis stößt, möchte er wissen, wie er die Adressdatenbank durchsuchen und die Parameter und den Umfang der Suche definieren kann. Durch prozessbasiertes Lernen lernt ein Verbraucher also etwas über die Nutzbarkeit des Produktes.

Das inhaltsbasierte Lernen bezieht sich auf die Informationen, die zu einem Produkt gehören. Auf das Beispiel des Branchenverzeichnisses bezogen bedeutet es, etwas über den Umfang des Verzeichnisses, die Tiefe und Breite der Informationen sowie ihre Genauigkeit herauszufinden. Durch das inhaltsbasierte Lernen kann sich der Verbraucher ein Bild über die Nützlichkeit des Produktes machen.[11]

Die Unternehmen sollten Lernerfahrungen so gestalten, dass sie auf den Entscheidungskontext des Verbrauchers abgestimmt sind, damit dessen Investition in die neue Erfahrung einen maximalen Nutzen bringt.

## Kontextbezogene Produktangebote

Eine weitere Methode, um neue Ideen zu entwickeln, besteht darin, bei den Kundenzielen und -kontexten anzusetzen und dann praktisch auf umgekehrtem Weg ein Angebot zu erarbeiten. So verspricht der Onlineservice *PhotoNet* von *Kodak* den Kunden einen einmaligen Vorteil: Sie erhalten digitale Versionen ihrer Fotos auf einer persönlichen *Kodak*-Website, wenn sie ihren Film in einem Geschäft von *Kodak* entwickeln lassen.[12]

Vandermerwe liefert zusätzliche Beispiele für kontextabhängige Angebote:[13]

- *Mondex*: Neue Möglichkeiten für Kunden, kleinere Beträge beim Einkaufen mit einer intelligenten Karte zu bezahlen.
- *Mercedes*: Neue Möglichkeiten der Mobilität, indem den Kunden mehrere Autos zur Verfügung gestellt werden.
- *Peapod*: Neue Möglichkeiten, den täglichen Lebensmittelbedarf durch die Lieferung bis zur Haustür zu decken.
- *Direct Line*: Neue Wege für Verbraucher, eine Kfz-Versicherung abzuschließen, indem sie die Autoversicherung online bestellen.

### Trennung von Form und Funktion

Bei jedem Marktangebot gehen Form und Funktion eine Verbindung ein. Die Form einer Beratungsleistung etwa besteht im Vier-Augen-Gespräch zwischen Berater und Mandant, während ihre Funktion darin besteht, Themen zu identifizieren, Diagnosen zu erstellen und Empfehlungen zu geben. In der Trennung der Funktionalität einer Wertkette von ihrer physischen Ausdrucksform liegen also immense Chancen. *Cisco* etwa hat die Notwendigkeit der physischen Gegenwart von Ingenieuren und Testgeräten abgeschafft: Die Komponenten werden virtuell getestet und die Qualitätssicherungsprozesse digitalisiert. Auf diese Weise hat *Cisco* einen Weg gefunden, um die Form einer Funktion zu verändern und gleichzeitig Geld zu sparen und den Lieferzyklus zu verkürzen.[14]

Dasselbe gilt für *Microsoft*. Bei einem Problem mit *Windows* greifen die Nutzer zum Telefon und sprechen mit einem Techniker, der ihnen sagt, wie sie neu booten, welche einzelnen Schritte sie durchführen und was sie dabei eintippen sollen. Der Techniker begleitet sie durch eine Reihe von Schritten und stellt dabei Fragen. Diese Art der Problemlösung ist natürlich der Alternative vorzuziehen, den Computer zum Hersteller zurückzuschicken.

Die Digitalisierung ermöglicht es den Unternehmen, die Funktion eines Marktangebots von seiner bisherigen Form zu trennen und dabei neue Geschäftschancen zu schaffen. So versucht die Buchhandelskette *Borders*, die Digitalisierung mit der Individualisierung der Angebote zu kombinieren, um den Filialen neuen Schwung zu geben. *Borders* kaufte den digitalen Buchgroßhändler *Sprout* in der Hoffnung, ein System für den Druck von Büchern auf Anfrage aufzubauen. Die Bücher von *Sprout* waren schon in digitaler Form gespeichert, sodass einzelne Exemplare auf Kundenwunsch ausgedruckt und gebunden werden konnten. Auf diese Weise konnte *Borders* die Kosten für die Lagerhaltung und den Versand der Bücher reduzieren, die Zahl der verfügbaren Titel steigern und das Risiko von Rückgaben verringern.[15]

Die Form eines Angebots folgt normalerweise seiner Funktion. In manchen Fällen jedoch bestehen Widersprüche zwischen beiden Dimensionen. Wer in einen *Chevrolet Monza* neue Zündkerzen einbauen will, muss vorher den Motor ausbauen. Und Leser der Zeitschrift *Wired* müssen sich durch ein schwieriges Layout kämpfen, bevor sie den eigentlich interessanten Inhalt lesen können.

### Gebündelte oder für sich allein stehende Angebote

Nur wenige Marktangebote bestehen aus einem einzigen klar abgegrenzten Produkt, meist sind sie gebündelt. Banken bündeln Zahlungsdienstleistungen, Sparprodukte, die Kontoführung und andere Dienstleistungen. Autohändler bündeln den Verkauf von Neu- und Gebrauchtwagen, die Bereitstellung von Finanzierungsmöglichkeiten und die Durchführung von Reparaturen. Zeitungsverlage bündeln Nachrichten, Kommentare, Hintergrundartikel, Werbung und Unterhaltung.

Die digitalen Technologien ermöglichen es den Unternehmen und Kunden, Marktangebote zu entbündeln oder auch zu bündeln. So kann ein Kunde einen einzelnen Song seiner Wahl anstelle eines ganzen Albums kaufen, oder einen Artikel oder ein Kapitel aus einem Buch anstelle des ganzen Buches.

Mit der Bündelung gehen in der Regel Quersubventionen einher. Naturgemäß wirken sich diese zum Vorteil des einen und zum Nachteil eines anderen Kunden aus. Die digitalen Technologien ermöglichen es nun, dass neue, fokussierte Marktteilnehmer diese Quersubventionen und Preismissverhältnisse offenlegen. Online-Agenturen wie *CarPoint* von *Microsoft* helfen dem Verbraucher etwa, die Angebote eines Autohändlers zu entbündeln. Durch elektronische Kleinanzeigen wird die Quersubventionierung der Nachrichten überflüssig. Finanzdienstleister nutzen die Quersubventionen im Privatkundengeschäft der Banken aus und bieten entsprechende vergleichbare Produkte günstiger an.

Viele Unternehmen lassen nun einen Teil ihrer Serviceleistungen von ihren Kunden erledigen. Die Banken etwa haben Bankautomaten aufgestellt, an denen ihre Kunden Vorgänge erledigen, für die sie vorher Bankangestellte benötigten, *FedEx* hat seinen Kunden ermöglicht, den Weg ihrer Pakete im Internet zu verfolgen, ohne sich mit Mitarbeitern in Verbindung zu setzen, Tankstellen lassen ihre Kunden selbst tanken, und bei Telefongesellschaften wählen die Kunden selbst, anstatt die Vermittlung zu bemühen.

# Choice Boards

Mit Hilfe einer Choice Map bringen die Unternehmen in Erfahrung, wie ihre Kunden Kaufentscheidungen treffen. Mit einem Choice Board verstärken sie den Nutzen ihrer Angebote durch eine individuelle Produktanpassung (»Customization«), eine Anpassung des Marketings (»Customerization«) und die Kollaboration. Diese drei Dimensionen werden im Folgenden noch näher erläutert.

Bei einem Choice Board handelt es sich um ein virtuelles interaktives System, das es einzelnen Kunden ermöglicht, ihre Produkte selbst zu entwerfen, indem sie aus einem Menü von Merkmalen, Komponenten, Preisen und Lieferoptionen auswählen. Die Entscheidungen der Kunden werden sofort an das operative System des Unternehmens weitergegeben, wo der Beschaffungs-, Montage- und Lieferprozess in Gang gesetzt wird.[16]

Choice Boards haben viele Vorteile. So kann der Baustoffkonzern *Weyerhaeuser* seinen Kunden innerhalb von 15 Minuten eine individuelle Tür anbieten, und nicht wie sonst üblich in einem Monat, indem er eine zweigleisige Interaktion mit den Lieferanten betreibt. Die *Premier Pages* von *Dell* sind für die großen Firmenkunden sehr nützlich, weil deren zentrale Einkaufsabteilungen sie dazu verwenden können, ihre eigenen Choice Boards anzupassen. Choice Boards verleihen einzelnen Kunden die Flexibilität, Produkte so anzupassen, dass sie ihren spezifischen Bedürfnissen entsprechen. Die Anbieter wiederum profitieren, indem sie die Kundenvorlieben verfolgen und damit die Nachfrage besser prognostizieren können.[17]

Choice Boards gibt es nicht nur im Internet. *Dell* und *Gateway* haben die ersten Choice Boards über das Telefon eingeführt – in Form eines interaktiven Bestellservices. *Gateway* unterstützt seinen

Choice-Board-Service über das Telefon und Internet durch den direkten Support der *Gateway-Country*-Filialen. Es gibt also viele verschiedene Möglichkeiten, wie Unternehmen ihre Kunden durch Choice Boards unterstützen können.[18]

Wir untersuchen nun, welche Rollen die individuelle Produktanpassung (Customization), die individuelle Produktgestaltung (Customerization) und die Kollaboration spielen, wenn es um die Entwicklung von Marktangeboten geht.

## Individuelle Produktanpassung

Das Internet ermöglicht den Unternehmen, auf Kundenwunsch individuell angepasste Lösungen anzubieten. Die Reinform dieser so genannten Mass Customization ist die Ausführung eines Einzelauftrages, der in seiner Form nur einmal und dann nie wieder vorkommt: Ein kranker Patient wird geheilt, aus Baugenehmigungen, Blaupausen und Baumaterial entsteht ein Gebäude, und eine Vision wird in ein Produkt verwandelt. Die Aktivitäten bei der Auftragsfertigung finden ad hoc statt und werden auf einen bestimmten Kunden oder ein Projekt abgestimmt. Jeder Kunde erfordert individuelle wertschöpfende Aktivitäten, sodass die Anbieter völlig von der Nachfrage abhängig sind. In einer Arztpraxis gibt es keine Aufträge ohne kranke Patienten, die behandelt werden möchten.[19] Gut durchdachte Auftragsmodelle können sogar kostengünstiger als traditionelle Massenproduktionsmodelle sein, weil die Anbieter nur die tatsächlich erteilten Aufträge bearbeiten und damit keine Lagerhaltungskosten verursachen, die sonst bei der Produktion auf Vorrat entstehen. Letzteres kann besonders in Branchen mit kurzen Produktlebenszyklen sehr kostspielig sein.

Produkte können auch erst bei den Händlern oder in einer noch späteren Phase angepasst werden. So kann die Montage eines Endproduktes beim Großhändler oder im Einzelhandelsgeschäft noch auf die Kundenwünsche abgestimmt werden. *Sun Microsystems* betrachtet etwa die Großhändler als Erweiterung seiner Produktionswertkette und schult sie darin, die vom Kunden konfigurierten Systeme selbst zusammenzubauen.[20] Werden die Produkte in einer noch späteren Phase angepasst, so handelt es sich um eine »Methode, um das teilweise fertiggestellte Produkt möglichst nahe beim Kunden anzupassen, wo genaue Informationen über seine tatsächlichen Bedürfnisse vorliegen.« Viele Unternehmen sehen diese Methode als willkommene Möglichkeit, um das Problem der schwankenden Nachfrage zu lösen.[21]

Es gibt drei Arten der Individualisierung: adaptiv, kosmetisch und transparent. Bei der adaptiven Anpassung hat das Unternehmen ein Standardangebot mit verschiedenen Optionen ausgearbeitet. Ein Beispiel dafür ist die Möglichkeit für Internetnutzer, ihren Webzugang auf einer Firmenwebsite so einzurichten, dass er ihren individuellen Bedürfnissen entspricht. Im Softwaregeschäft bietet *Broad-Vision* seinen Firmenkunden Personalisierungssoftware an. Diese ermöglicht es einem Unternehmen, seine Informationen über das Kundenverhalten mit den vom Kunden mitgeteilten persönlichen Daten zu kombinieren. Auf diese Weise kann es auf einzelne Kunden zugeschnittene Provisionsstrukturen, Preisinformationen und Schulungen entwickeln, Transaktionen mit Hilfe der vorliegenden Profilinformationen beschleunigen und Vorgangsberichte erstellen.[22]

Von einer kosmetischen Kundenanpassung spricht man, wenn ein Unternehmen ein Produkt unterschiedlichen Nutzern auf verschiedene Weise präsentiert. Die *New York Times* etwa verlangt von Lesern, welche die Zeitung im Internet lesen möchen, eine Gratisregistrierung. Durch die Erstellung von Cookies (von der Browser-Software erstellte Dateien) auf dem PC des Nutzers kann die *Times* dann die Internetleser anhand ihrer Registrierungsinformationen identifizieren und sie mit ihrem Namen begrüßen. Irgendwann werden die Nutzer auch die Themen eingrenzen können, die sie in der Zeitung lesen möchten.[23]

Bei einer transparenten Kundenanpassung unterbreitet ein Unternehmen jedem einzelnen Kunden ein einmaliges Angebot, ohne den Kunden eigens darauf aufmerksam zu machen. So beobachten die Mitarbeiter der *Ritz-Carlton*-Kette die Vorlieben und Eigenheiten der Hotelgäste und geben sie in eine Datenbank ein. Bei ihrem nächsten Aufenthalt erhalten die Gäste genau das Zimmer, das ihren Wünschen entspricht – ohne vorher danach gefragt zu werden.[24]

Da sich die Unternehmen immer weniger allein über ihre Produkte differenzieren können, konkurrieren sie zunehmend über maßgeschneiderte Zusatzleistungen. Dabei ist die Mass Customization im Dienstleistungsbereich leichter und kostengünstiger umzusetzen als in der Industrie.

Nicht alle Unternehmen haben jedoch die Chance, ihre Angebote profitabel auf Kundenbedürfnisse maßzuschneidern. Martha Rogers und Don Peppers zufolge können Kundenvorteile geschaffen werden, wenn unterschiedliche Erwartungen und Werte der Kunden berücksichtigt werden. Dies lohnt sich jedoch dann nicht, wenn die Bedürfnisse der Kunden und der Wert der lebenslangen Kundenbeziehung sehr ähnlich sind, wenn sie etwa Benzin oder Speisesalz kaufen. Die Personalisierung und das One-to-One-Marketing sind nur dann sinnvoll und profitabel, wenn sich die Kundenbedürfnisse deutlich unterscheiden, wie es etwa bei den Dienstleistungen von Freiberuflern der Fall ist.[25]

Die Individualisierung des Kundenangebots birgt zwei Risiken. Zum einen können die Unternehmen, wenn ihre Angebote leicht zu kopieren sind, schnell in eine Kostenspirale geraten, von der letztlich nur die Verbraucher profitieren. Zum anderen bleiben die Unternehmen auf ihren maßgefertigten Produkten sitzen, wenn sie von unzufriedenen Kunden zurückgegeben werden, weil sie nicht sorgfältig genug entwickelt und hergestellt wurden.[26]

## Individuelle Produktgestaltung

Bei der so genannten Customerization übernehmen die Kunden eine wichtige Rolle bei der Gestaltung der Angebote, wie folgende Beispiele zeigen:

- *Supersonic Boom* bietet Tausende von Musiktiteln an, welche die Nutzer herunterladen können, um ihre Wunsch-CDs zusammenzustellen.
- Die Online-Konfigurations-Tools von *Dell Computer* ermöglichen es den Kunden, ihre PCs selbst zu konfigurieren.
- Mit *My Design Barbie* von *Mattel* können die Kunden ihre eigenen Puppen entwerfen.

Diese Ergänzung der individuellen Produktanpassung durch eine individuelle Produktgestaltung ermöglicht den Kunden, das Produktdesign, das Nutzenangebot und die Positionierung zu beeinflussen. Das Unternehmen profitiert davon, weil es der Kundenabwanderung entgegenwirkt und die Kundenzufriedenheit steigert.

## Kollaboration

Der Begriff der Kollaboration bezeichnet einen aktiv geführten Dialog zwischen Unternehmen und Kunden mit dem Ziel, bei der gemeinsamen Anpassung der Angebote zusammen zu arbeiten. Viele Unternehmen haben Extranets eingerichtet, um mit ihren wichtigen Lieferanten und Kunden zu kommunizieren. Die Interaktionen können knapp oder sehr umfangreich sein und von einfachen Umfragen bis hin zu Videokonferenzen reichen. Unternehmen nutzen dieses Feedback ihrer wertvollsten Kunden dazu, um ihre Angebote noch besser auf sie abzustimmen.[27]

Viele B2B-Unternehmen haben die Kollaboration sehr erfolgreich eingesetzt. *Procter & Gamble* etwa konnte die Entladezeit für Lieferungen von 211 Minuten auf nur 94 Minuten senken, indem es diejenigen Kunden belohnte, die in mindestens 80 Prozent der Fälle die Lieferungen innerhalb von zwei Stunden oder weniger entgegennahmen.[28]

Die Kollaboration kann sich auch auf bestimmte Funktionen beziehen, etwa auf die Produktentwicklung oder die Beratung. In manchen B2B-Beziehungen sind die Lagerhaltungssysteme der Kunden und Lieferanten eng vernetzt. So nutzt *Procter & Gamble* das Informationssystem von *Wal-Mart*, um sein Sortiment in den Lagern von *Wal-Mart* zu verwalten.

## Das richtige Nutzenangebot

Die Unternehmen sollten dafür sorgen, dass die Choice Maps und die Choice Boards auch zu den neuen Geschäftskonzepten passen, die auf der Grundlage des Kompetenzraums und des Geschäftskontextes des Unternehmens entwickelt wurden. Diese strategische Kohärenz ist von entscheidender Bedeutung, um das richtige Nutzenangebot zu formulieren, mit dem ein Unternehmen die Verbraucher dazu bewegt, bei ihm und nicht bei der Konkurrenz zu kaufen.

Pioniere in einem neuen Geschäftsfeld verfügen nicht unbedingt über das beste Nutzenangebot, auch wenn sie bessere Erfolgschancen als die Nachzügler haben. Der erste Anbieter auf einem Markt hat noch freie Auswahl unter den besten Partnern, den qualifiziertesten Mitarbeitern und den wertvollsten Kunden. Diese so genannten First Movers haben eine bessere Chance, ihre Marken auf einem noch nicht gesättigten Markt aufzubauen. Ihr Ziel lautet daher, sich im Bewusstsein der Verbraucher schnellstens zu verankern, weil sie nur so optimal von den Netzwerkeffekten profitieren können.

Allerdings sollten die Unternehmen auch daran denken, dass das Internet immer noch in den Kinderschuhen steckt. Unternehmen, die später auf den Markt kommen, sollten nicht die Pioniere kopieren, sondern ein Nutzenangebot entwickeln, das auf einer hervorragenden Idee basiert, die durch innovative Geschäftskonzepte und eine exzellente Produktentwicklung unterstützt wird.

Unternehmen sollten bei der Markenentwicklung die Idee, die ihrem Produkt zugrunde liegt, ebenso berücksichtigen wie das Produkt selbst. Sie müssen das Nutzenangebot auf lebendige Weise kommunizieren. *Southwest Airlines* verspricht eine Erfahrung, die »billiger und schneller als Autofahren« ist, *Mandarin Oriental* bietet »Augenblicke des Genusses«, *Bose* behauptet, dass seine Kunden mit ihren Autoradios ein besseres Klangvergnügen als in der Konzerthalle hätten, und *edmunds.com* bietet ein ganzes »Füllhorn von Informationen und Meinungen« über Autos an.

Es gibt viele Möglichkeiten, wie ein Unternehmen innovative Nutzenangebote für seine Produkte entwickeln kann. *Southwest Air-*

*lines* und *easyJet* versuchen, Flugreisen so erschwinglich wie Busreisen zu machen. Sie haben den Mythos zerstört, dass Flugreisen ein Luxus seien, indem sie die Geschwindigkeit des Fliegens mit der Bequemlichkeit häufiger Abflugzeiten und den niedrigen Kosten des Autofahrens kombinierten.

Manche Firmen schaffen ein Nutzenangebot, indem sie verwandte Produktlinien nebeneinander wie in einem Kaufhaus anbieten. So verkauft *Amazon.com* nicht mehr nur Bücher, sondern auch CDs, Spielzeug, Gartenzubehör und vieles andere. Es befindet sich auf dem besten Weg zu einem kompletten Online-Kaufhaus.[29]

Ein weiteres innovatives Nutzenangebot ist das One-Stop-Shopping für eine Produktkategorie und alle verwandten Artikel. So hilft *Travelocity.com* den Reisenden, die für sie besten Flugrouten, Tarife, Hotels und Reiseinformationen zu finden. *Wal-Mart* hat sich als Komplettanbieter für alle Produkte des täglichen Bedarfs, *Toys-R-Us* für Spielzeug und elektronische Spiele und *The Gap* für Bekleidung positioniert.[30]

Manche Unternehmen beschleunigen die Wertschöpfungsprozesse, indem sie Kundenbedürfnisse schneller als ihre Konkurrenten erspüren und darauf reagieren. Der mexikanische Zementhersteller *Cemex* verspricht etwa, seinen Beton schneller als eine Pizza zu liefern: Wenn eine Lieferung mit über zehn Minuten Verspätung eintrifft, erhält der Kunde einen Nachlass von 20 Prozent. *Cemex* setzt in allen Unternehmensabläufen Netzwerktechnologien ein: Jeder Lkw ist mit einem Global-Positioning-System ausgerüstet, sodass er jederzeit lokalisierbar ist, und das gesamte Unternehmen besitzt eine leistungsfähige Telekommunikationsausrüstung, sodass die Fahrer und die einzelnen Betonwerke über alle relevanten Informationen verfügen und eigenständig darauf reagieren können.[31]

Im Folgenden werden einige Beispiele von Unternehmen genannt, die erfolgreich sind, weil sie schneller als andere reagieren:

- »Musik auf CDs ist ein sehr datenintensives Medium. Früher dauerte es mehrere Stunden, um eine normale CD auf die eigene Festplatte zu laden. Aber mit der MPEG Layer-3-Audiokomprimierungstechnologie (*MP3*) wird eine 12-zu-1-Datenreduktion erreicht, ohne dass die Klangqualität leidet. Eine CD, für die früher vier Stunden benötigt wurden, kann jetzt in 20 Minuten heruntergeladen werden.«[32]

- Die Versicherungsgesellschaft *Plymouth Rock Assurance Corporation* hat das *Crash-Buster*-Angebot entwickelt, um die Bearbeitung von Unfallschäden zu beschleunigen. Die meisten Versicherungsgesellschaften leisten erst dann Zahlungen an ihre Kunden, wenn die Schätzungen der Werkstätten und die Beurteilung der Schadensachbearbeiter vorliegen und alle Formalitäten abgewickelt wurden. Aber ein *Crash-Buster*-Van ist mit Computer, Handy, Drucker und Modem ausgerüstet. Der Mitarbeiter begibt sich damit sofort an die Unfallstelle, wo er sich einen Überblick über den Schaden verschafft und dem Kunden sofort Geld auszahlt.[33]

- *Dell* liefert per Telefon schnelle Antworten auf Kundenprobleme. Die Vertriebs- oder Servicemitarbeiter können sich sofort die genaue Konfiguration des Kundenrechners und die Historie der Kundenbeziehung auf den Bildschirm holen und das Problem mit Hilfe dieser Informationen umgehend diagnostizieren.

Manche Unternehmen erlangen einen Wettbewerbsvorteil, indem sie ihre lokale Reaktionsfähigkeit steigern. *Amazon.com* hat für den europäischen Markt zwei neue Websites geschaffen – *Amazon.co.uk* (für Großbritannien) und *Amazon.de* (Deutschland).

*Amazon*-Chef Jeff Bezos meinte dazu: »Wir möchten es jedem Kunden weltweit möglich machen, ein Buch nicht nur in englischer, sondern auch in deutscher oder japanischer Sprache zu bestellen. Deshalb benötigen wir lokale Kundendienstabläufe und lokale Vertriebszentren, um diese Märkte wirklich so bedienen zu können, als wären wir lokal vor Ort.«[34]

Manche Unternehmen verfügen über besondere Qualifikationen im Bereich der Beratungsdienstleistungen. *Ernst & Young* hat ein Online-Beratungsprogramm namens *Ernie* gestartet. Abonnenten können über das Internet Fragen an das Consulting-Unternehmen richten und erhalten innerhalb von 48 Stunden eine Antwort von einem Experten von *Ernst & Young*. Für einen Jahresbeitrag von 3 500 Dollar können fünf Mitarbeiter insgesamt zehn Fragen stellen. Für einen Beitrag von 18 000 Dollar können fünf Mitarbeiter eine unbegrenzte Zahl von Fragen stellen.

Das Angebot integrierter Lösungen ist eine weitere Erfolgsmethode. *Microsoft Office* ist dafür ein gutes Beispiel: Textverarbeitungs-, Tabellenkalkulations- und Präsentationssoftware werden in einem integrierten Paket angeboten. In vielen *Microsoft*-Produkten stellt die nahtlose Integration eines der Hauptziele bei der Produktentwicklung dar.[35]

Eine weitere wirkungsvolle Methode besteht darin, »Mehr Leistung zum gleichen Preis« zu bieten. *Lexus* etwa wirbt mit dem Versprechen, dass die Qualität und Leistung seiner Produkte mit denen von *Mercedes*, *BMW* und *Jaguar* vergleichbar sei, während die Preise viel näher bei den günstigeren *Cadillacs* und *Lincolns* liegen.

## Fragen an Ihr Unternehmen

- Haben Sie eine Choice Map erstellt, in der sich die Erfahrungen Ihrer Kunden beim Kauf Ihrer Produkte und Dienstleistungen spiegeln? Wenn nicht, wie würden Sie dabei vorgehen?
- Entwickeln Sie ein Choice Board, das Kunden verwenden können, um aus Ihrem Angebot genau das auszuwählen, was sie wünschen. Könnten Sie sich damit einen Wettbewerbsvorteil verschaffen? Welche Veränderungen müssten in Ihrem Unternehmen vorgenommen werden, um ein Choice Board einzusetzen?
- Gibt es Kundenvorteile, die Sie auf eine neue Art und Weise anbieten könnten?
- Bieten Sie den Kunden die Möglichkeit, Produkte noch bei den Händlern anzupassen oder selbst Einfluss auf ihre Gestaltung zu nehmen?
- Wie lautet Ihr Nutzenangebot? Ist es unverwechselbar? Ist es innovativ?

# 5. Die Geschäftsarchitektur

Die in diesem Kapitel besprochenen vier Grundbausteine – der Kompetenzraum des Unternehmens, der Ressourcenraum der Partner, der Geschäftskontext des Unternehmens sowie seine Geschäftspartner – unterstützen die Unternehmen beim Aufbau einer geeigneten Geschäftsarchitektur (siehe Abbildung 5.1)

Zwei Hauptmotoren treiben den Wertefluss in der heutigen Wirtschaft voran: die immer anspruchsvolleren Kunden, die einen Sog (Pull) ausüben, und innovative Lieferanten, die einen Druck (Push) ausüben.

Wie in Kapitel 4 erwähnt, wollen manche Kunden aus einer Vielzahl sofort verfügbarer Produkte auswählen, während andere auf die Entwicklung und Herstellung der Produkte noch Einfluss nehmen möchten. Es gibt Kunden, die preisorientiert kaufen, und solche, denen individuelle Lösungen wichtiger sind. Am einen Ende des Spektrums stehen die Käufer und am anderen die Ko-Produzenten. Dazwischen stehen die Kunden, die Produkte definieren und Lösungen entwickeln.

**Abbildung 5.1:** Die Plattform der Geschäftsarchitektur

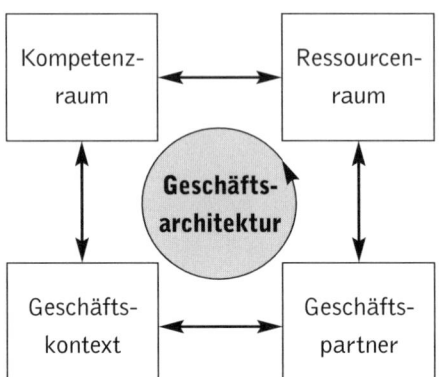

Ebenso große Unterschiede findet man bei den Lieferanten: Es gibt Unternehmen, die auf jeder Stufe der Wertkette aktiv sind, aber auch Spezialisten, die sich auf einen bestimmten Bereich der Kette konzentrieren. Es gibt Unternehmen, die sich durch ihre Produkte definieren (Waschpulver, Autos), aber auch solche, die sich durch die Funktionen definieren, die sie in der Wertkette ausfüllen (Designer, Verpacker). Am einen Ende des Spektrums liegen Besitzer und am anderen die Spezialisten. Dazwischen liegen die Mitglieder und Partner von Wertketten.

Heute nutzen viele Unternehmen die digitalen Technologien und das Internet, um die Prozesse, Strukturen und den Fluss von Produkten, Dienstleistungen und Informationen zwischen strategischen Partnern zu straffen. In diesem Kapitel besprechen wir allgemeine Geschäftsmodelle, erweiterte B2C-Geschäftsmodelle und schließlich erweiterte B2B-Geschäftsmodelle.

# Allgemeine Geschäftsmodelle

Unternehmen konzipieren ihre Geschäftsmodelle so, dass sie einen bestimmten Wertefluss bewältigen. Die Geschäfte können auf One-to-One-, Many-to-One-, One-to-Many- und Many-to-Many-Basis betrieben werden. Jede Variante erfordert eine andere Architektur, um Käufer und Verkäufer zu vernetzen.

## One-to-One: Der klassische elektronische Handel ohne Absatzmittler

Im Eins-zu-Eins-Modell existiert eine direkte Beziehung zwischen Käufer und Verkäufer. Ermöglicht wird dies durch digitale Technologien, die den Unternehmen helfen, Absatzmittler in der Wertkette zu umgehen. So umgeht *Amazon.com* die Buchhandlungen und verkauft direkt an die Kunden. Die Anbieter nutzen einen neuen Vertriebsweg und ermöglichen den Käufern den Online-Einkauf. Sie verdienen ihr Geld mit einer kostenorientierten Preisbildung und mit Werbung.

## Many-to-One: Interessenvertreter des Käufers

Im Many-to-One-Modell tritt das Unternehmen als Interessenvertreter des Käufers auf, indem es ein für ihn interessantes Angebot zusammenstellt. Mohanbir Sawhney hat solche Sites Meta-Mittler genannt. Beispiele sind *edmunds.com* für Produkte und Dienstleistungen rund um den Autokauf, und *theknot.com* für alles, was Brautleute interessiert. Das Unternehmen kann auch die Aufgabe übernehmen, die Preise möglichst zahlreicher verschiedener Hersteller für ein Produkt zu vergleichen, wie es *CompareNet* tut. Die Einnahmen stammen bei diesem Modell aus den Transaktions- und Werbegebühren.

Bisher wurde der Einkauf in den meisten Unternehmen von professionellen Einkäufern erledigt, die Kataloge durchforsteten, Lieferanten anriefen und immer bemüht waren, noch bessere Bedingungen auszuhandeln. Moderne Einkaufsagenten erweitern die Palette ihrer Möglichkeiten nun um Cybertools: So hat *General Electric* das *Trading Process Network* (TPN) ins Leben gerufen, mit dem das Unternehmen selbst sowie die anderen Teilnehmer des Netzwerkes Angebote anfordern, Bedingungen aushandeln und globalen Lieferanten Aufträge erteilen können. Die Lieferanten besuchen diese Site regelmäßig, um Angebote für angeforderte Artikel abzugeben. Die Einkäufer von *General Electric* behaupten, dass sie durch niedrigere Auftragsbearbeitungs- und Einkaufskosten satte 10 bis 15 Prozent Kosten einsparen konnten.

*Ford* hat *autoxchange* gegründet, ein E-Business mit integrierter Lieferkette und einem Umsatzvolumen von 300 Millionen Dollar. *Ford* konnte damit seine Einkaufskosten in Höhe von 80 Milliarden Dollar, die sich auf 30 000 Lieferanten verteilten, deutlich senken und gleichzeitig die operative Effizienz steigern.[1]

## One-to-Many: Interessenvertreter des Anbieters

Im One-to-Many-Modell handelt der Mittler im Interesse der Anbieter. Er baut Beziehungen zu bevorzugten Vertriebspartnern auf und erhält eine Provision für die Transaktionen. So nutzt der weltweit größte unabhängige Computergroßhändler *Ingram Micro* das One-to-Many-Modell der Internetauktionen, um überschüssige Lagerbestände seiner Vertriebspartner abzustoßen.

## Many-to-Many: Der virtuelle Marktplatz

Im Many-to-Many-Modell schließlich werden Käufer und Anbieter in einem großen Forum zusammengebracht. Die Einnahmen stammen aus Werbe- und Transaktionsgebühren. So ist *e-STEEL* ein virtueller Marktplatz für Stahlprodukte. *eBay* ist ein Online-Marktplatz, auf dem sich Käufer und Anbieter der unterschiedlichsten Produkte finden. Die Nutzer bezahlen eine Zulassungsgebühr sowie eine Provision für die einzelnen Transaktionen.

Viele Geschäftskonzepte gehen auf diese vier Modelle zurück. Aus Sicht des Absatzmittlers finden drei verschiedene Prozesse statt. Bei der Disintermediation werden die vorhandenen Absatzmittler umgangen: Dieses Schicksal droht besonders jenen Einzelhandelssektoren, in denen digitale Produkte wie Musik, Software, Reisen oder Theaterkarten verkauft werden. Bei der Transintermediation gehen die etablierten Mittler ins Internet. Beispiele dafür sind Wertpapiermakler, Arbeitsvermittlungsagenturen, Partnervermittlungen und Immobilienmakler. Bei der Reintermediation schließlich richten sich ganz neue Mittler im Internet ein. Beispiele sind virtuelle Anbieter wie *CarPoint* und *Amazon.com* sowie Internetfirmen wie *Yahoo!*, *yesmail.com*, *Firefly* und *iShip*.[2]

# Erweiterte B2C-Geschäftsmodelle

B2C-Geschäftsmodelle gibt es in unterschiedlichen Ausprägungen. Einige Beispiele werden im Folgenden beschrieben.

## E-Commerce-Shops

In E-Commerce-Shops werden Waren oder Dienstleistungen zum Verkauf angeboten. Ihre Erfolgsaussichten sind dann am größten, wenn sich ihre Angebote für den elektronischen Vertrieb eignen. Alex Birch, Philipp Gerbert, Dirk Schneider und ihre Kollegen bei der *McKenna Group* nennen in diesem Zusammenhang fünf besonders geeignete Produktkategorien: Produkte, die im Online-Handel niedrigere Transaktionskosten als in der Offline-Welt verursachen (Bücher, Software), Produkte, für die kontextabhängige Zusatzinformationen wichtig sind (Reisen, Gesundheitsprodukte), Produkte, die durch ein gutes Kundenfeedback weiter verbessert und angepasst werden können (Computer, Autos), Produkte mit hohen Qualitätsanforderungen, die jedoch nicht konkret bei jedem Kauf geprüft werden müssen (starke Marken), und schließlich Produkte, die beim Versand über Logistikanbieter eine hohe Gewinnmarge haben.[3]

## Portale und Infomediäre

Portale sind Eintrittstore. Sie haben sich aus Websites, wie etwa Suchmaschinen-Sites, allmählich zu Informationszentren entwickelt, die Nachrichten, Meinungen und Fakten anbieten. Diese Veränderungen wurden mit der Absicht vorgenommen, die Surfer länger auf den Sites zu halten, damit sie mehr Seiten ansahen, was wiederum höhere Werbeeinnahmen einbrachte.[4]

Infomediäre stellen eine leichte Abwandlung des Portalkonzepts dar. Ein Infomediär stellt nicht nur Informationen bereit, sondern schafft auch Inhalte oder handelt mit ihnen. Im weitesten Sinn besitzt ein Infomediär Informationen, Wissen oder Erfahrungen und handelt damit. Wenn *travelocity.com* Gratisinformationen über Reisegebiete und *Britannica.com* eine kostenlose Nutzung der digitalen Ausgabe ihrer Enzyklopädie anbieten, treten sie als Infomediäre auf. Jeder Inhaltsanbieter könnte als Infomediär bezeichnet werden.

In ihrem Buch *Net Worth* definieren John Hagel III und Marc Singer die Infomediäre in einem engeren Sinn: Ein Infomediär verwaltet die Websites mit den persönlichen Angaben der Verbraucher und schützt sie vor unbefugter Nutzung. Fordert eine Website eine Datei über die Anwenderdaten an, wird sie an die Site des Infomediärs weitergeleitet. Der Infomediär tritt als Wächter über die Verbraucherinteressen auf, indem er die angeforderten Daten jedes Mal bewertet. Ist der Wert der Daten hoch, könnte er einen Sonderrabatt für den Nutzer aushandeln. Der Wert des Infomediärs liegt sowohl im Datenschutz als auch in der Bequemlichkeit: Die Nutzer müssen ihre Daten nicht jedes Mal neu eingeben, wenn sie eine Anfrage bekommen. Auch der Website-Inhaber profitiert, da seine Daten von hoher Qualität sind.[5] (Beispiele für solche Infomediäre sind *www.jobsearch.engine.com*, *www.lumerica.com* und *www.freeonline.com*.)

*America Online, Yahoo!, Lycos* und andere Portale konkurrieren darum, in den Augen der Surfer die attraktivsten Eingangstore zum Internet darzustellen. Sie verwandeln sich dabei in Infomediäre, erheben Informationen über die Nutzer und helfen diesen dann dabei, die Verbindung zu den richtigen Anbietern herzustellen.[6]

## Koordinationsstellen (Facilitators)

Koordinationsstellen sind Informationsanbieter, die Käufer mit Anbietern zusammenbringen und dafür eine bescheidene Transaktionsgebühr erhalten. Ein bekanntes Beispiel ist *eBay*. Solche Koordinationsstellen können die Marktangebote auf unterschiedliche Weise verpacken, indem sie etwa ausgewählten Kunden Sonderkonditionen oder einen persönlicheren und bequemeren Service anbieten. Manche Unternehmen nutzen die Facilitators als zusätzliche Vertriebskanäle, weil sie damit ihre Reichweite zu niedrigen Kosten ausdehnen können. Viele Telekommunikationsunternehmen nutzen die Dienste der Koordinationsstellen zur Neukundengewinnung. Sie verwenden umfangreiche Datenbanken mit Namen, Anschriften und Telefonnummern, um Telekommunikationsprodukte auf einem Markt zu verkaufen, der von den bisherigen konventionellen Methoden noch nicht erfasst wurde.

## Aggregatoren

Aggregatoren sind Sammelstellen für Informationen. *Travelocity.com* ist ein Aggregator, weil die Site die Flugpläne zahlreicher Fluggesellschaften veröffentlicht. Auch *Edmunds.com* ist ein Aggregator, weil sich die Surfer auf der Site über jedes derzeit auf dem Markt erhältliche Automodell informieren können. *Covisint* ist ein Aggregator, weil es mehrere Autohersteller vertritt und ihre Nachfrage kombiniert, um höhere Rabatte bei Lieferanten zu erhalten.

Sowohl Koordinationsstellen wie Aggregatoren erzeugen einen starken Preisdruck. Sie zwingen die Unternehmen, die ihre Produkte noch nach dem konventionellen Push-Modell absetzen, ihre Kundeninformationen besser zu nutzen, den Service zu verbessern und sich in verbraucherorientierte Unternehmen zu verwandeln.[7]

# Vertrauensintermediäre

Viele Verbraucher halten Online-Transaktionen für riskant. »Liefert die Firma tatsächlich nur die bestellten Waren und keine anderen? Kann ich sie zurückgegeben, wenn sie mir nicht gefallen? An wen? Was kostet das?«[8]

Den Online-Kauf von Büchern halten die Verbraucher für relativ wenig riskant, weil sich der Schaden im Zweifelsfall in Grenzen hält. Dagegen kosten Flugtickets nicht nur Hunderte von Dollar, sondern es sind auch komplizierte Fragen wie die Strecken- und Terminplanung oder eventuelle Umbuchungsgebühren zu klären. Je wichtiger das Produkt für den Kunden und je größer der Schaden ist, den er im Fall einer misslungenen Transaktion erleidet, desto mehr muss sich das Unternehmen bemühen, Vertrauen zu schaffen.[9]

Ein Vertrauensintermediär sorgt für eine sichere Umgebung, in der Käufer und Anbieter ihre Geschäfte abwickeln können. Vertrauensintermediäre konzentrieren sich entweder auf sichere Zahlungsmöglichkeiten oder eine sichere Geschäftsumgebung. Im ersten Fall sind sie für Zahlungstransaktionen zuständig und »senken die Risiken für Käufer und Anbieter«, während sie im zweiten Fall »eine vertrauensvolle oder authentische Umgebung schaffen, in der die Parteien ihre Geschäfte abwickeln können.«[10] Das folgende Beispiel illustriert dies:

*ValueStar.com* stellt Gütesiegel für schwer zu beurteilende, nicht standardisierte Dienstleistungen wie Autoreparaturen, Immobilienkäufe oder medizinische Leistungen aus. Die Besucher der *ValueStar*-Site geben ihre Postleitzahlen und Servicewünsche ein und erhalten dann ein Verzeichnis von Anbietern in ihrer Region, die das Gütesiegel erhalten haben. Das *ValueStar*-System ist sehr einfach, und es werden keine Versuche unternommen, die Anbieter in einer bestimmten Reihenfolge einzustufen. Das *ValueStar*-Siegel stellt also lediglich eine positive Empfehlung dar.[11]

Die digitalen Technologien fördern die Entstehung vieler hart um-
kämpfter, anonymer Märkte. Wo Geschäfte anonym betrieben werden, sind perfekte Informationen – und nicht persönliche Beziehungen – der Motor der Kaufentscheidung. Solche Märkte können
jedoch nicht ohne ein gewisses Maß an Vertrauen funktionieren.
Deshalb sind Vertrauensintermediäre wie *E-LOAN* und *Fast-
Parts.com* entstanden: *E-LOAN* bringt Hypothekenmakler und
Kreditanbieter zusammen, und *FastParts.com* bietet Elektronikher-
stellern eine Plattform für den Handel mit ihren Bauteilen.[12]

## E-Business-Unterstützer

E-Business-Unterstützer werden in der digitalen Wirtschaft benötigt, um Geschäftsprozesse wie den Vertrieb oder die Abwicklung in
den Partnerunternehmen zu unterstützen. Beispiele sind *FedEx,
LoopNet, Egghead.com* und *Chrome. FedEx* tritt als E-Business-
Unterstützer auf, wenn es die notwendigen Logistikaufgaben durch-
führt, die in den Kundenunternehmen bei der Abwicklung ihrer Aufträge anfallen.

# Erweiterte B2B-Geschäftsmodelle

## B2B-Portale

Ein B2B-Portal stellt einen Marktplatz für eine bestimmte Branche
oder auch für bestimmte Funktionen für eine Vielzahl von Branchen
dar.

Branchenportale sind etwa *e-STEEL* oder *e-Plastics*. Die jeweilige Branche ergibt sich oft schon aus dem Namen des Portals. Funktionsportale dagegen dienen dazu, die Kunden bei der Ausführung bestimmter Geschäftsfunktionen zu unterstützen, etwa beim Einkauf von Werbedienstleistungen, bei der Logistik oder bei Personaldienstleistungen.

Unternehmen kaufen in der Regel entweder Produktionsgüter oder allgemeine Wirtschaftsgüter. Im ersten Fall handelt es sich meist um Rohstoffe und Komponenten. Für die bequeme und effiziente Beschaffung von Rohstoffen wie Stahl oder Kunststoff sind schon etliche digitale Marktplätze entstanden. Komponenten dagegen müssen oft nach bestimmten Spezifikationen hergestellt werden und werden daher bei spezifischen Herstellern und Händlern gekauft.

Die allgemeinen Wirtschaftsgüter, auch MRO-Artikel genannt (Maintenance, Repair and Operations), umfassen Produkte wie Reinigungsmittel, Büromaterial und Flugtickets. Diese Güter werden von den unterschiedlichsten Unternehmen benötigt. Die Anbieter können sie online verkaufen und durch *FedEx* oder *UPS* ausliefern lassen.[13]

Es gibt auch Portale von Ländern, die über die Produkte und Dienstleistungen ihrer Hersteller informieren wollen. China hat *MeetWorldTrade* eingerichtet. Dieses Portal stellt über 15 000 in China ansässige Elektronikhersteller vor, die mit ausländischen Firmen ins Geschäft kommen möchten. Die Site beinhaltet viele praktische Hinweise zu kulturellen, finanziellen und personellen Fragen, die für Unternehmen weltweit von Interesse sein könnten.[14]

## B2B-Infomediäre

Ein B2B-Infomediär erzeugt Inhalte und bereitet sie auf, um sie auf der eigenen Website anzubieten oder an interessierte Abnehmer, darunter auch Portale, zu liefern. Bei *ZDNet.com* etwa werden unter der Regie von *Ziff Davis* Computer- und Softwareinformationen veröffentlicht.[15]

## B2B-Marktplätze

Auf einem B2B-Marktplatz betreiben Anbieter und Käufer elektronischen Handel. Steven Kaplan und Mohanbir Sawhney unterscheiden vier Arten von B2B-Marktplätzen, wie in Abbildung 5.2 dargestellt ist.[16]

**Abbildung 5.2:** B2B-Marktplätze nach Kaplan und Sawhney

|  | Bedarfsdeckung von Fall zu Fall | Systematischer Einkauf |
|---|---|---|
| **Produktionsgüter** | Börsen | Kataloge |
| **Allgemeine Wirtschaftsgüter** | Ertragsmanagement | MRO-Artikel |

*Quelle: In Anlehnung an Steven Kaplan und Mohanbir Sawhney: »E-Hubs: The New B2B Marketplaces«, Harvard Business Review 78, Nr. 3 (Mai-Juni 2000), 99.*

- Beim Ertragsmanagement, dem so genannten Yield Management, versucht ein Unternehmen in Bereichen mit schwankenden Preisen und Angeboten, seine Auslastung kurzfristig möglich kostengünstig zu optimieren. Ein Yield-Management-Marktplatz unterstützt Unternehmen mit hohem Investitionseinsatz (Versorgungsunternehmen oder Fluggesellschaften) dabei, ihre Kapazitäten durch geschickte Preisanpassungen auszulasten. Ein gutes Beispiel dafür ist *YOUtilities.com*.

- Auf einem Marktplatz für MRO-Artikel können Unternehmen geringwertige Wirtschaftsgüter wie Büromaterial und Computerzubehör systematisch bei spezifischen Lieferanten beschaffen. Ein MRO-Marktplatz bietet den Vorteil niedrigerer Transaktionskosten. Beispiele sind *W. W. Grainger* und *Ariba*, die Fremdfirmen mit der Auslieferung der Waren beauftragen.

- Eine Börse ermöglicht es den Käufern, Verbindung zu Anbietern aufzunehmen und Transaktionen zu täglich wechselnden Preisen abzuwickeln, um bestimmte Produktionsgüter zu beschaffen. Beispiele sind *PaperSpace* (für die Papierbranche) und *Altra Energy* (für die Energiebranche).

- Kataloge bieten den Käufern schnelle Einblicke in das Produktangebot und die Preise branchenspezifischer Anbieter. Ihre Vorteile liegen in einer höheren Bequemlichkeit für die Kunden und niedrigeren Transaktionskosten. Ein Beispiel ist *SciQuest* im Bereich der Biowissenschaften.

In Tabelle 5.1 sind fünf Geschäftsmodelle dargestellt, in denen die verschiedenen B2B-Marktplätze derzeit eine Rolle spielen. Diese Modelle entwickeln sich unter dem Einfluss der Anforderungen einzelner Märkte und Abläufe ständig weiter.

**Tabelle 5.1:** Die fünf B2B-Modelle

| Geschäftsmodell | Transaktion |
|---|---|
| Mitgliedschaft oder Abonnement | Feste Jahresgebühr oder nutzungs-basierte Gebühr |
| Transaktionsbeteiligung | Provision basierend auf vorher vereinbartem Geschäftsmodell |
| Gebühr für Vermittlung | Provision nach Vereinbarung |
| Auktion | Basierend auf den Auktionsregeln auf dem jeweiligen Marktplatz |
| Kauf von Produkten/Dienstleistungen | Basierend auf Transaktionsregeln, die vorab festgelegt wurden |

*Quelle: Michael J. Cunningham: B2B: How to Build a Profitable e-Commerce Strategy (Cambridge, MA: Perseus Publishing, 2001), 18.*

Kaplan und Sawhney unterscheiden zwei Möglichkeiten, wie elektronische Marktplätze (E-Hubs) Werte schaffen: durch Aggregation und Matching.

Eine Aggregation führt eine große Zahl von Käufern und Anbietern unter einem virtuellen Dach zusammen, wobei die Preise schon festgelegt sind. Die Website enthält oft einen Megakatalog mit Produkten, die von einer ganzen Reihe von Lieferanten angeboten werden. Eine Aggregation funktioniert am besten, wenn es sich um Produkte mit hohem Spezialisierungsgrad handelt, wenn die einzelnen Produkte in hoher Anzahl benötigt werden und wenn die Transaktionskosten im Verhältnis zu den Beschaffungskosten hoch sind.

Beim Matching dagegen werden Käufer und Anbieter zusammengeführt, die erst noch über die Preise verhandeln. Die Teilnehmer geben ihre Wünsche an und verhandeln dann über die Konditionen. Das Matching-Modell wird etwa in Form von Auktionen realisiert. Es funktioniert am besten mit Massenprodukten, die in großen Mengen bei relativ niedrigen Transaktionskosten benötigt werden und deren Nachfrage und Preise in der Regel schwanken.

## Die Zukunft der B2B-Märkte

Während des Dot.com-Booms glaubten die Marktbeobachter, dass sich die Unternehmen darum reißen würden, ihre Geschäfte auf B2B-Marktplätze zu verlagern. Dennoch mussten einige B2B-Firmen ihre Pforten schließen, und viele andere kämpfen ums Überleben. Richard Wise und David Morrison haben drei Faktoren identifiziert, welche die Entwicklung der B2B-Marktplätze gebremst haben:[17]

1. Viele Unternehmen haben Partnerschaften zu ihren besten Lieferanten aufgebaut. Sie befürchteten, mit dem Einkauf auf den digitalen Marktplätzen, die oft niedrigere Preise versprachen, diese gut funktionierenden Beziehungen zu schädigen.
2. Unternehmen mit relativ hohen Preisen zögern, sich an den Marktplätzen zu beteiligen, weil sie einen erhöhten Preisdruck befürchten. Für sie wiegt der Vorteil, mehr potenzielle Kunden ansprechen zu können, den Nachteil des größeren Preisdrucks nicht auf.
3. Angezogen durch den leichten Marktzutritt und die niedrigen Kosten für Standardsoftware haben viele neue Konkurrenten elektronische Marktplätze gegründet. Dieser schnelle Zustrom hat die Gewinnspannen aller Wettbewerber geschmälert.

Dennoch sagen Wise und Morrison ein neuerliches Wachstum der B2B-Marktplätze voraus. Sie glauben, dass sie in naher Zukunft komplexere Transaktionen bewältigen und außerdem auch Lösungen unterstützen werden. Sie rechnen mit E-Spekulanten, die Echtzeitinformationen dazu verwenden, um Preisunterschiede auszunutzen, ebenso wie mit neuen Tauschbörsen, auf denen Mitgliedergruppen ihre Bestellungen tauschen und weiterverkaufen.

Marktforschungsunternehmen wie *Forrester Research* und *Gartner* haben von Anfang an vorausgesagt, dass das B2B-Geschäft im Rahmen des gesamten elektronischen Handels zehn- bis fünfzehnmal so schnell wachsen werde wie das B2C-Geschäft. Diese Prognose dürfte sich erfüllen, da immer mehr Einkaufsabteilungen von Unternehmen erkennen, welche Kostenersparnisse sie erzielen können, wenn sie ihren Bedarf online decken und ihre Fähigkeiten zum Beschaffungsmanagement in der digitalen Wirtschaft konsequent ausbauen.

# Fragen an Ihr Unternehmen

- Sollte Ihr Unternehmen weitere E-Commerce-Aktivitäten planen und den Online-Verkauf forcieren? Welche Vorteile hätte dies für Kunden und Lieferanten? Wie kann es elektronische Vertriebswege einrichten, ohne den vorhandenen Vertreter- und Händlerstrukturen zu schaden?
- Wie kann Ihr Unternehmen die Vorteile der elektronischen Beschaffung nutzen, um die Kosten für die Beschaffung von Produktionsgütern und allgemeinen Wirtschaftsgütern zu senken? Auf welche elektronischen Marktplätze würden Sie sich konzentrieren?

# 6. Anforderungen an die Infrastruktur

In einem Geschäftsmodell, das auf dem Grundsatz »Wir produzieren, Sie kaufen« basiert, werden Produkte und Mitteilungen meist nur in eine Richtung geschleust: von den Unternehmen zu den Kunden. Das Topmanagement diktiert, was, wann und wie verkauft wird. Mittlerweile ermöglicht das Internet aber eine zweigleisige – also eine interaktive – Kommunikation. Die Kunden erfahren mehr über die Unternehmen, und die Unternehmen mehr über ihre Kunden. Auf der Basis dieses umfangreicheren Wissens können stärkere Beziehungen zu Kunden und Partnern aufgebaut werden. Diese wiederum sind eine der besten Voraussetzungen dafür, neue Geschäftschancen zu sondieren und Wettbewerbsvorteile auszubauen. Um die Beziehungen zu Kunden und Partnern effizienter und effektiver zu gestalten, müssen Unternehmen ihre Infrastruktur und ihre Fähigkeiten erneuern, indem sie in drei Bereiche investieren: in das Kundenmanagement (Customer Relationship Management – CRM), das interne Ressourcenmanagement (Internal Resource Management – IRM) und das Geschäftspartnermanagement (Business Partner Management – BPM).

# Kundenmanagement

Jedes Unternehmen wünscht sich einen treuen Stamm von Kunden, die:

- immer mehr Geschäfte mit ihm abwickeln, selbst wenn die Preise höher als bei der Konkurrenz sind;
- Mundpropaganda betreiben und das Unternehmen und seine Produkte ihren Kollegen, ihrer Familie und ihren Freunden empfehlen;
- ihre eigene Firma oder ihre Familie überzeugen, dass es keine echte Alternative zu diesem Unternehmen gibt;
- gern die Neuentwicklungen des Unternehmens ausprobieren und diesem dabei helfen, sie zu verbessern;
- die Support- und anderen Serviceleistungen des Unternehmens in Anspruch nehmen.

Um solche Kunden zu gewinnen und zu binden, gehen viele Unternehmen derzeit von der Produkt- zur Kundenorientierung über und konzentrieren sich auf das Management der Interaktionen mit einzelnen Kunden. Im Industriezeitalter war die Pflege enger Beziehungen zu einzelnen Kunden nur unter hohem Kostenaufwand möglich. Folglich blieben die Beziehungspflege und die Personalisierung der Leistungen auf einem relativ niedrigen Niveau. Heute dagegen können Unternehmen individuelle Kundenbeziehungen zu weit niedrigeren Kosten aufbauen und pflegen.

Arthur M. Hughes hat fünf Voraussetzungen für ein erfolgreiches Kundenmanagement definiert: Das Unternehmen verfügt über gut funktionierende Marketingprozesse, es kann die persönlichen Daten der Kunden und die Informationen über ihr Kaufverhalten problemlos erfassen, es ist in der Lage, Daten über Wiederholungskäufe der

Kunden am Point-of-Sale zu erfassen, es kann Datenbanken aufbauen und gezielt nutzen, und es setzt ein Belohnungsprogramm für treue Kunden ein, das beiden Seiten Vorteile bringt.[1]

Diese Voraussetzungen werden von zahlreichen Unternehmen in unterschiedlichen Branchen erfüllt, etwa von Autoherstellern, Hotels, Fluggesellschaften, Finanzdienstleistern und Einzelhändlern. Es gibt aber laut Hughes zwei Produkttypen, die sich kaum für das CRM eignen: Massenprodukte mit so niedrigen Margen, dass kein Raum für Aktivitäten zur Beziehungspflege bleibt (beispielsweise Erfrischungsgetränke oder Gewürze), und selten oder zu nicht vorhersehbaren Gelegenheiten gekaufte Produkte (zum Beispiel Klaviere oder größere Kunstgegenstände).

Ein CRM-Projekt wird in drei Phasen durchgeführt: Zunächst muss das Unternehmen seine Zielkunden identifizieren, dann muss es ihre Bedürfnisse befriedigen, und schließlich baut es langfristige Beziehungen zu ihnen auf (siehe Tabelle 6.1).

**Tabelle 6.1:** Kundenmanagement

| Phase des Kundenmanagements | Hauptaufgabe |
|---|---|
| Die Zielkunden finden | • Zielmärkte definieren<br>• Zielkunden gewinnen |
| Die Bedürfnisse der Zielkunden befriedigen | • Den Kundenwert in konkrete Kundenvorteile verwandeln<br>• Die Marktangebote auf den Entscheidungskontext des Kunden abstimmen |
| Eine Bindung zu den Zielkunden aufbauen | • Loyalität der Kunden fördern<br>• Ein Marktinformationssystem entwickeln |

# Die Zielkunden finden

Jedes Unternehmen, das sich kundenorientiert verhalten möchte, muss zunächst seinen Zielmarkt definieren und dann die Zielkunden identifizieren.

*Definition des Zielmarkts*
Wie jede Marketingaktivität beginnt auch das Kundenmanagement mit der Definition des Zielmarktes. Mit dem zunehmenden Wettbewerbsdruck in der heutigen Wirtschaft sind die Marktsegmente kleiner und fragmentierter geworden. Glücklicherweise erlauben es die digitalen Technologien den Unternehmen, ihre Kunden in Mikrosegmente einzuteilen, wie folgende Beispiele zeigen:[2]

- *Dell* unterteilt seine Kunden in Mikrosegmente, indem es in verschiedenen Ländern unterschiedliche Zugangssites einrichtet. Außerdem gibt es für jeden einzelnen Kundentyp – Privatkunden, kleine, mittlere oder große Firmen, Gesundheits-, Schul- und Bildungseinrichtungen sowie nationale, einzelstaatliche und lokale Behörden – einen auf ihn zugeschnittenen Internetshop: *Dell* kann die Kunden auch nach den von ihnen gekauften Produkten ordnen: Notebooks, Desktops, Server und Speicher, Workstations, Software und Zubehör. Die Online-Auktionssite *Dell Factory Outlet* ermöglicht eine noch genauere Segmentierung, weil hier Kunden auftauchen, die gebrauchte und überholte *Dell*-Systeme kaufen oder verkaufen möchten. *Dell* bietet seinen Kunden, die sich als Mitglieder registrieren lassen, maßgeschneiderte Benutzeroberflächen sowie weitere Dienstleistungen an. Im Firmenkundenbereich gibt es zu diesem Zweck den *Premier Dell.com*-Service.

• Die Zeitschrift *Sports Illustrated* teilt ihre Leser in vier Typen ein, die sich durch die angestrebten Erfahrungen unterscheiden: die erste Gruppe sieht in der Lektüre eine Flucht aus dem Alltag, die zweite will Klatschgeschichten über prominente Sportler lesen, die dritte ist auf der Suche nach Sammlerstücken und die vierte schließlich möchte genaue Informationen über bestimmte Sportarten. Die Zeitschrift geht auf diese unterschiedlichen Bedürfnisse durch spezielle Angebote ein: Buchreihen, Videos, CD-ROMs, ein Kindermagazin und Reisepakete für den Besuch von Sportveranstaltungen.

## Identifikation der Zielkunden

Die Unternehmen müssen auf jedem Zielmarkt die richtigen Zielkunden identifizieren. Dazu gehört es auch, regelmäßig ihre Annahmen darüber zu prüfen, wer genau ihre Kunden sind. *Kodak* hat jahrelang Röntgenfilme an Labortechniker in Krankenhäusern verkauft, bis die Vertriebsleiter endlich merkten, dass sich die Einkaufsentscheidungen immer mehr auf professionelle Manager in der Verwaltung verlagert hatten. *Reuters* hatte sich darauf konzentriert, Nachrichtendienste und Standardsysteme an IT-Manager zu verkaufen, aber dann kam *Bloomberg* mit Terminals auf den Markt, die direkt an das Geschehen auf den Finanzmärkten angeschlossen waren und damit für Händler und Analysten ein weitaus wertvolleres Hilfsmittel als die Standardsysteme von *Reuters* darstellten.[3]

Nach der Identifizierung der Zielkunden müssen die Unternehmen zwei Fragen beantworten: Wünschen die Zielkunden eine enge Beziehung zum Unternehmen? Und nicht weniger wichtig: Wünscht das Unternehmen eine enge Beziehung zu allen Kunden?

Nicht alle Kunden sind gleich wertvoll. Die Unternehmen müssen deshalb ihre Kunden nach ihrer Profitabilität und dem Wert ihrer lebenslangen Kundenbeziehung einstufen und den wertvolleren Kunden mehr Aufmerksamkeit widmen. Abbildung 6.1 stellt zwei Möglichkeiten dar, um die Profitabilität eines Kunden zu analysieren, nämlich auf der Grundlage der aktuellen oder der zukünftigen Situation.

**Abbildung 6.1:** Analyse der Kundenprofitabilität

**A. Derzeitige Situation**

|  | Derzeit hohe Profitabilität | Derzeit niedrige Profitabilität |
|---|---|---|
| **Niedrige Kosten der Beziehungspflege** | Die profitabelsten Kunden | Profitable Kunden |
| **Hohe Kosten der Beziehungspflege** | Profitable Kunden | Die unprofitabelsten Kunden |

**B. Zukünftige Situation**

|  | Derzeit hohe Profitabilität | Derzeit niedrige Profitabilität |
|---|---|---|
| **Hohe zukünftige Profitabilität** | Die besten Kunden | Kunden, in die man investieren sollte |
| **Niedrige zukünftige Profitabilität** | Kunden, die man behalten sollte | Die schlechtesten Kunden |

Es gibt noch weitere Methoden, um die Rentabilität der Kunden zu messen, etwa nach ihrem Umsatzvolumen:[4]

- Platin (Top-Kunden): die oberen 1 Prozent der Kunden
- Gold (große Kunden): die nächsten 4 Prozent der Kunden
- Eisen (mittlere Kunden): die nächsten 15 Prozent der Kunden.
- Blech (kleine Kunden): die verbleibenden 80 Prozent der Kunden

Die Unternehmen sollten mehr Geld in die Ansprache der wertvolleren Interessenten investieren. Das könnte etwa so aussehen: Ein Unternehmen gibt 3 Dollar aus, um jeden einzelnen von insgesamt 20 vielversprechenden Interessenten zu kontaktieren (60 Dollar). Weiterhin investiert es 1 Dollar in die Ansprache von insgesamt 500 wenig aussichtsreichen Interessenten (500 Dollar). Eine solche gezielte Marketingkampagne wird zu besseren Resultaten führen als eine Kampagne, bei der alle Interessenten eine gleichlautende Broschüre erhalten hätten.

Jay und Adam Curry sind bei ihren Analysen auf einige interessante Ergebnisse gestoßen:[5]

- 20 Prozent Top-Kunden leisten einen Betrag von 80 Prozent zu den Umsätzen, vielleicht aber sogar 100 Prozent zu den Gewinnen.
- Schon vorhandene Kunden können für bis zu 90 Prozent der Umsätze verantwortlich sein.
- Ein großer Teil der Marketingbudgets wird oft für Nichtkunden ausgegeben.
- Zwischen 5 und 30 Prozent aller Kunden haben das Potenzial, in der Kundenpyramide aufzusteigen.
- Entscheidend für den Aufstieg in der Pyramide ist die Kundenzufriedenheit.
- Ein Aufstieg um 2 Prozent in der Kundenpyramide kann 10 Prozent mehr Umsatz und 50 Prozent mehr Gewinn bedeuten.

Letztlich bestimmt sich der Wert eines Kunden nicht an einem einzelnen Kauf, sondern an den zu erwartenden Kaufentscheidungen während der lebenslangen Kundenbeziehung. Damit sind die Gewinne gemeint, mit denen ein Unternehmen rechnet, wenn der Kunde ihm während des gesamten Zeitraums treu bleibt, in welchem er die jeweilige Produktkategorie benötigt.

Es gibt Schätzungen des Wertes der lebenslangen Kundenbeziehung für verschiedene Produkte und Dienstleistungen. In *Customers for Life* schätzte Carl Sewell, dass ein Kunde, der zum ersten Mal einen Autohändler besucht, einen potenziellen lebenslangen Wert von über 300 000 Dollar repräsentiert.[6] Diese Zahl spiegelt den Wert für den Fall, dass der Kunde zufrieden ist und auch die folgenden Modelle bei diesem Händler kauft. Sie kann sogar noch viel höher liegen, wenn der Kunde auch seine Freunde und Bekannten in das Autohaus schickt. Mark Grainer, ehemaliger Vorsitzender des Technical Assistance Research Programs Institute, schätzte, dass ein loyaler Supermarktkunde einen Jahreswert von 3 800 Dollar darstellt.[7]

Doch ein Unternehmen muss nicht nur den durchschnittlichen Wert der lebenslangen Kundenbeziehung, sondern auch den Wert der einzelnen Kunden kennen, um entscheiden zu können, wie hoch die Investitionen in jeden Einzelnen sein sollten.

## Die Bedürfnisse der Zielkunden erfüllen

Hat das Unternehmen seine Zielkunden gefunden, muss es als Nächstes ihre Bedürfnisse erfüllen. Dazu werden die Werte für die Kunden in konkrete Kundenvorteile verwandelt. Die Marktangebote und die Kommunikation müssen auf den individuellen Entscheidungskontext der Kunden abgestimmt werden.

*Verwandlung von Werten für Kunden in konkrete Kundenvorteile*
Die Unternehmen versuchen heute mehr denn je herauszufinden, was ihre Kunden wirklich wünschen. Sie müssen dann aber auch in der Lage sein, diese Wünsche in individuelle und konkrete Kundenvorteile zu verwandeln. Aus Kundensicht kann der mit einer Kaufentscheidung erlangte Vorteil folgendermaßen beschrieben werden:[8]

Kundenvorteil = n (Nützlichkeit des Produktes) + m (Wert der Marke) + b (Wert der Beziehung) – k (Kosten des Produktes) – z (Kosten der Zeit)

Die Variablen n, m, b, k und z können in den einzelnen Kundensegmenten unterschiedlich gewichtet sein. Im Firmenkundengeschäft legen die Käufer wohl eher auf die Variablen n, k und z Wert. Kunden mit niedrigem Einkommen dürfte k wichtiger sein als n und z. Auch b hat einen unterschiedlich hohen Stellenwert. Die Unternehmen haben damit die Möglichkeit, den Stellenwert der einzelnen Faktoren bei ihren Kunden abzuschätzen und spezifische Angebote zu entwickeln. Das Unternehmen muss Zielmärkte definieren, in denen Kunden mit ähnlichen Schwerpunkten zusammengefasst werden, um ihnen gezielt passende Angebote zu unterbreiten.

*Die Marktangebote auf den Entscheidungskontext*
*des Kunden abstimmen*
Bei der Positionierung des Marktangebotes muss auch der Entscheidungskontext des Kunden berücksichtigt werden. So könnten die Käufer von Notebooks an verwandten Produkten und Dienstleistungen wie Druckern und erweiterten Garantieleistungen interessiert sein. Telefonkunden, die einen Tarifwechsel durchführen, denken vielleicht gerade auch über einen Internetzugang nach. Die

jeweilige Cross-Selling-Gelegenheit hängt vom Bedürfnissegment des Kunden, von seinem Nutzungsmuster und von der Reaktion auf bisherige Kontakte ab.

Unternehmen, die den Erfahrungskontext ihrer Kunden verstehen wollen, sollten so genannte Choice Maps entwickeln. Wir unterscheiden drei Arten von Angeboten:

1. Angebote, die für sich alleine stehen und Vorteile bezüglich der Gewinne und der Beziehung liefern.
2. Angebote, die dem Unternehmen keinen finanziellen Vorteil bringen, aber helfen, einige wertvolle Beziehungen zu entwickeln und zu stärken. Diese Angebote haben eine Lockvogelfunktion. So bieten viele Wirtschaftsprüfungsgesellschaften Gratisberatungen an, um neue Klienten zu gewinnen. Ein Klient, der ein solches Angebot in Anspruch nimmt, bleibt der Gesellschaft möglicherweise über Jahre hinweg treu, sodass sich die Anfangsinvestition schnell gelohnt hat.
3. Angebote, die entweder sehr selten gekauft werden oder keinen Beziehungswert begründen. Beispiele sind bestimmte Konsumgüter, Immobilien, Finanzierungsgeschäfte von Firmen und der Rohstoffhandel.

Die Funktionen dieser unterschiedlichen Angebote können sich im Lauf der Zeit ändern. Ein Neukunde, der durch eine Gratisberatung gewonnen wurde, verlässt die Gesellschaft vielleicht bald wieder, sodass diese letztlich doch keine Gewinne mit ihm erzielt. Anstatt sich auf den Produktlebenszyklus zu konzentrieren, können die Unternehmen auch den gewünschten Kundenlebenszyklus in das Zentrum ihrer Überlegungen stellen. Ein Kunde erwartet in den einzelnen Stadien seines Lebenszyklus verschiedene kontextabhängige Erfahrungen und damit unterschiedliche Angebote.

Um Kunden dauerhaft zu gewinnen, sollte ein Unternehmen die wertorientierte Segmentierung, die bedürfnisorientierte Segmentierung und Prognosemodelle ihrer Abwanderung einsetzen – und zwar in dieser Reihenfolge. Die wertorientierte Segmentierung ermöglicht es dem Unternehmen, den optimalen Betrag zu bestimmen, den es in seine Bemühungen zur Bindung jedes Kunden investieren sollte. Basierend auf diesem Wissen setzt das Unternehmen dann die bedürfnisorientierte Segmentierung ein, um angemessene Angebote zu entwickeln. Schließlich verwendet es Abwanderungsmodelle, um die Anfälligkeit der Kunden für eine Abwanderung zu prognostizieren. Dann kann es gefährdeten Kunden, die es für wertvoll hält, bestimmte Gratis-Leistungen oder niedrigere Preise anbieten.

## Die Bindung zu den Zielkunden festigen

Der dritte und letzte Schritt bei der Abstimmung der Marktangebote auf den Entscheidungskontext des Kunden lautet, eine befriedigende und dauerhafte Beziehung zu den besten Kunden aufzubauen. Dazu sind zusätzliche Investitionen in die Marktinformationssysteme notwendig.

*Marktinformationssysteme*
Das Kundenmanagement kann ohne Marktinformationssysteme nicht funktionieren. Diese dienen dazu, Informationen über die Kaufmuster, die persönlichen Daten der Kunden, Persönlichkeitsmerkmale und Ansprechpartner im Kundenunternehmen zu erheben. Diese Informationen werden aufbereitet, in einen Kontext gebracht und analysiert, sodass sinnvolle Erkenntnisse über den Markt abgeleitet werden können. Erfolgreiche Unternehmen schaffen kollabo-

rative Netzwerke, in denen dieses Wissen gewonnen und gemeinsam genutzt wird, wie folgende Beispiele zeigen: [9]

- *Dell Computer* sammelt Daten über die Kundenpräferenzen, indem es analysiert, welche Produkte und Merkmale die Kunden auswählen. Mit Hilfe dieser Daten kann *Dell* die Preise für verschiedene Konfigurationen gezielter festlegen und Werbeaktionen planen.
- *Amazon.com* analysiert nicht nur die Produkte, die einzelne Nutzer kaufen, sondern kombiniert die Angaben von Nutzern mit ähnlichen Mustern, um Kundengruppen weitere Bücher zur Lektüre vorzuschlagen.
- *General Motors* hat die Kundendatenbanken verschiedener Geschäftsbereiche in einer einzigen Datenbank zusammengefasst und nutzt diese als Informationsquelle, um neue Automodelle für sich überschneidende Zielmärkte zu entwickeln. Die Zusammenführung der Datenbanken, kombiniert mit einer Senkung der Zahl der Kundencallcenter von 60 auf nur drei, ermöglicht es *General Motors*, einen zuverlässigen, zentralisierten Kundendienst zu erbringen.

Unternehmen sollten versuchen, die Zeitspanne zu verkürzen, die zwischen der Erhebung der Informationen und ihrer Umsetzung in Marktangebote vergeht. So werden die Kunden an vielen Bankautomaten aufgefordert: »Rufen Sie unsere gebührenfreie Nummer an, wenn Sie sich über Thema X oder Y informieren möchten.« Kommen sie dieser Aufforderung nach, hat der Mitarbeiter am anderen Ende der Leitung meist keinerlei Informationen über die Situation des Kunden und im schlimmsten Fall nicht einmal über die Werbemaßnahme. Besser wäre etwa folgende Mitteilung am Bankautomaten: »Wir sehen, dass Sie ein Guthaben von 5 000 Dollar auf Ihrem

Konto haben. Sollen wir das Geld auf ein Konto mit einer höheren Verzinsung überweisen?« oder: »Die Zinssätze sind um 1 Prozent gesunken. Möchten Sie mit einem Mitarbeiter über die Refinanzierung Ihrer Hypothek sprechen, um jährlich 2 000 Dollar Zinsen zu sparen?« Eine solche vorbildliche Nutzung von Kundeninformationen steigert die Kundenzufriedenheit und fördert den Absatz von Produkten und Dienstleistungen, was wiederum den Wert der lebenslangen Kundenbeziehung erhöht.[10]

*Kundeninformationen auswerten*
Immer mehr Unternehmen betrachten ihre Kundeninformationen als strategisches Kapital im Wettbewerb. Sie wenden modernste Datenbank- und Auswertungstechnologien an, um die Verhaltensweisen, neu aufkommenden Bedürfnisse und die Konsummuster einzelner Kunden besser zu verstehen.

Die Unternehmen müssen zunächst einmal definieren, welche Kundeninformationen sie überhaupt erheben und speichern wollen. Die wichtigste Rolle spielen Daten über Einkäufe und Anfragen der Kunden, weil sich darin ihre Bedürfnisse und Vorlieben spiegeln. Nach Möglichkeit sollten auch demografische Daten über Alter, Bildung und Einkommen der Kunden erhoben werden. Häufig können solche Informationen bei Kreditfirmen gekauft werden. Angaben zu Hobbys (Golf, Tennis), weiteren Interessen (Musik, Romane) und Einstellungen (konservativ, liberal) können sich vor allem im Verbrauchergeschäft als hilfreich erweisen. Die Marktinformationssysteme müssen so eingerichtet werden, dass diese Daten aus verschiedenen Quellen erhoben werden können: aus Transaktionen (Vorlieben, Kaufhäufigkeit), Kundenverhalten (Klick-und-Suchmuster) und direkten Anfragen (Profildaten und Befragungen). Die Daten werden integriert, gespeichert und gemeinsam von verschiedenen

Geschäftsfunktionen wie Marketing, Vertrieb und Kundenservice genutzt.

Beim so genannten Data Mining werden sehr leistungsfähige analytische und statistische Techniken eingesetzt, um sinnvolle Muster und Erkenntnisse über Kunden zu erhalten, etwa neutrale Netzwerke, die automatische Feststellung von Interaktionen und die Cluster-Analyse. Aus Clickstream-Daten ergeben sich Muster, wie einzelne (anonyme) Kunden auf der Website eines Unternehmens weiterklicken. Kollaborative Filteranwendungen sammeln die Vorlieben der Zielkunden und erstellen dann Empfehlungen, die auf den Vorlieben ähnlicher Kunden basieren. *CDNOW.com* kann einem Kunden Empfehlungen zu Musiktiteln vorlegen, denen die Einkäufe von Kunden mit ähnlichen Profilen zugrunde liegen. Regelbasierte Systeme schließlich verwenden Kundenprofildaten, um personalisierte Botschaften oder Inhalte zu erstellen und an die Empfänger zu schicken.[11]

Um Daten erfolgreich auszuwerten, muss man über solide statistische Techniken verfügen und sie geschickt einsetzen können. Verschiedene Data-Mining-Analysten können zu ganz unterschiedlichen Ergebnissen kommen. Unternehmen brauchen für ihre Informationssysteme keine Techniker, denen es um die Datenbank geht, sondern Analysten, denen es um das Geschäft geht. Die folgenden Firmen haben das längst erkannt:[12]

- Die Mitarbeiter der *Bank of America* können auf einzelne Kundenprofile zugreifen, um den Kunden noch während ihres Aufenthalts in der Bank Cross-Selling-Angebote zu unterbreiten.
- Die Bank *MBNA* konnte ihre Gewinne um das Sechzehnfache steigern, indem sie die Kundenabwanderung auf die Hälfte des Branchendurchschnitts senkte und sich auf die profitableren Kundensegmente konzentrierte.

- *1-800-FLOWERS.com* maximiert den möglichen Umsatz mit jedem einzelnen Kunden, indem diese automatisch an wichtige persönliche Daten erinnert werden (Geburtstage, Hochzeitstag).
- *Hertz* beobachtet mittels intelligenter Agenten ständig die Konkurrenz, um schnell auf neue Marktbedingungen reagieren zu können.
- *Lands' End* schickt verschiedenen Kundensegmenten unterschiedliche Kataloge und wertet die daraufhin erfolgenden Bestellungen aus, um zukünftige Produktangebote weiter zu verbessern.

Der Verwendung von Marktinformationen sind keine Grenzen gesetzt: Sie können zu neuen Werbekampagnen führen, eine Kontaktaufnahme zum Kunden anstoßen oder die erforderlichen Daten zur Erfolgskontrolle der Marketingmaßnahmen – etwa einer Preisoffensive – liefern. Voraussetzung dafür ist jedoch auch, dass die Mitarbeiter des Unternehmens wissen, welchem Zweck die Datenbanken dienen, und dass sie von ihrem Nutzen überzeugt sind.

Der Aufbau und Einsatz einer Kundendatenbank erfordern auch wesentliche Veränderungen bei den Managementmethoden. Die Daten der einzelnen Abteilungen müssen in ein zentralisiertes Informationssystem fließen. Die Informationen müssen auf den verschiedenen Führungsebenen leicht zugänglich sein, geschützt durch Passwörter. Die Manager müssen anfangen, sich als Wissensarbeiter im Umfeld einer Lernkultur zu betrachten.

# Internes Ressourcenmanagement

Neben dem Kundenmanagement muss ein Unternehmen auch das Management seiner internen Ressourcen verbessern. Die Ziele des internen Ressourcenmanagements lauten, das Betriebskapital zu senken, die Zykluszeiten zu verkürzen und die gesamten Abläufe zu verbessern, indem das Humankapital sowie das finanzielle und materielle Kapital des Unternehmens besser verwaltet werden. An die Stelle fragmentierter und zusammenhangloser Softwarelösungen muss eine gemeinsame Plattform treten, auf der die Geschäftsfunktionen und Technologien vernetzt werden. Solche Plattformen werden Enterprise Resource Planning (ERP) und Supply Chain Management (SCM) genannt. Mit einer Software für das interne Ressourcenmanagement kann ein Unternehmen etwa die finanziellen Auswirkungen seiner Aktivitäten, den Wareneinsatz und den Weg der Produkte ins Lager verfolgen.

Der schwedische Kommunikationskonzern *Ericsson* betrachtet das interne Ressourcenmanagement als wichtigen Schritt auf dem Weg von einem funktionsorientierten zu einem vernetzten Unternehmen. *Ericsson* möchte erreichen, dass sämtliche Unternehmensinformationen vernetzt und damit für alle Funktionen zugänglich sind: Buchhaltung, Auftragserfassung, Abrechnungssysteme, Vertrieb, Marketing, Materialwirtschaft, Einkauf, Produktdatenmanagement, Werkstattsteuerung und Produktionssteuerung.[13] Bisher hat *Ericsson* damit schon beachtliche Erfolge erzielt: [14]

- Rechtzeitige Auslieferung von 98 Prozent der Bestellungen.
- Senkung der Vorlaufzeit für die Bearbeitung von Bestellungen von einer Stunde auf zehn Minuten.
- Senkung der Vorlaufzeit für die Erteilung von Kaufaufträgen von ein bis vier Stunden auf unter fünf Minuten.

Das interne Ressourcenmanagement stellt einen wichtigen Motor der Wertkette dar und wird von den E-Business-Technologien unterstützt. Anbieter wie *Oracle, SAP* und *PeopleSoft* bieten entsprechende Softwarelösungen mit breit gefächerten Funktionen an.[15] Die Software ermöglicht die Vernetzung der Unternehmen mit ihren Geschäftspartnern, und zwar sowohl mit den Informationssystemen der Lieferanten als auch mit jenen der Händler und Kunden.[16] Auf diese Weise können etwa Kunden Informationen über den Status ihrer Aufträge im Herstellungsprozess oder über die Lieferzeit erhalten.

## Geschäftspartnermanagement

Erfolgreiche Unternehmen arbeiten heute mit verschiedenen Geschäftspartnern im kollaborativen Netzwerk des Unternehmens zusammen. Die Partner eines solchen Netzwerks können nach den Autoren von *Executive's Guide to E-Business* in sechs Kategorien eingeteilt werden:[17]

1. Strategische Servicepartner übernehmen die Ausführung von Geschäftsprozessen. So beauftragen Supermarktketten oft strategische Servicepartner mit der Entwicklung von Hausmarken. Pharmaunternehmen beauftragen solche Partner mit Forschungs- und Entwicklungsaufgaben für bestimmte Projekte.
2. Nichtstrategische Servicepartner übernehmen die Ausführung von Routineaufgaben in der Verwaltung und andere Geschäftsfunktionen, die nicht zum Kerngeschäft des Auftraggebers zählen, wie Buchhaltung, Rechnungswesen, Personalmanagement, indirekte Beschaffung und Organisation von Geschäftsreisen.

3. Wertschöpfende Lieferanten liefern Teile oder Baugruppen, die sie nach den Spezifikationen des Abnehmers konstruiert oder konfiguriert haben. Meist werden sie schon frühzeitig in die Festlegung der Entwicklungsanforderungen einbezogen.

4. Die Lieferanten von Standardprodukten liefern Bauteile und Baugruppen. Viele von ihnen empfinden das Internet als Gefahrenquelle, weil die Käufer schnell und leicht mit einem Mausklick die Anbieter mit den niedrigsten Preisen finden können.

5. Netzwerkbetreiber liefern eine sichere und leistungsfähige Technik für die Vernetzung der Unternehmen im kollaborativen Netzwerk. Sie stellen Anbindungsmöglichkeiten, Standards und Schnittstellen bereit, um die Partner zu integrieren. Sie liefern die erforderliche Rechner- und Netzwerkhardware, sorgen für den sicheren Zugriff durch autorisierte Nutzer, übernehmen die Verantwortung für die IT-Abläufe, helfen bei einer eventuell notwendigen Anpassung und Aufrüstung des Systems und liefern Vorlagen für die Verknüpfung der Netzwerkpartner.

6. So genannte Application Service Provider stellen ihren Kunden Anwendungssoftware zur Nutzung bereit, die sie selbst von einer zentralen Stelle aus betreiben und pflegen.

Ein Unternehmen benötigt vertrauenswürdige Geschäftspartner, mit denen es wichtige Investitionen und Entscheidungen gemeinsam beschließt. Ein gutes Beispiel dafür ist der Netzwerkausrüster *Cisco Systems*.

*Cisco* arbeitet mit seinen Geschäftspartnern über das Internet zusammen. Durch ihre jeweilige Spezialisierung schaffen sie Wert, indem sie zuvor getrennte Ressourcen, Fähigkeiten und Informationen in einem Pool zusammenführen. So kann sich *Cisco* auf sein

Kerngeschäft konzentrieren und die Produktion und andere Aufgaben seinen Partnern überlassen. Das Netzwerk basiert auf der Beachtung von Grundsätzen wie der gemeinsamen Nutzung von Informationen, intensiver Zusammenarbeit und gegenseitigem Vertrauen.[18]

Unternehmen, die mit vielen Partnern zusammen arbeiten, müssen sich jedoch auch klarmachen, dass die Harmonie nicht das Hauptziel der Kooperation ist. Gelegentliche Konflikte sind vielleicht sogar der beste Beweis für eine funktionierende Zusammenarbeit und nicht zuletzt eine wertvolle Quelle neuer Ideen.

Mit der Vertiefung der Geschäftsbeziehungen steigt auch die gegenseitige Abhängigkeit der Partner vom Informationsfluss. Ihre Abhängigkeit führt dabei zu wichtigen Veränderungen in der Wettbewerbslandschaft: Die Konkurrenz findet nicht mehr zwischen den Herstellern, sondern zwischen kollaborativen Netzwerken statt. Diese Verlagerung zwingt wiederum andere Unternehmen, die Beziehungen zu ihren eigenen Partnern zu stärken, um sich im Wettbewerb zu behaupten.

Viele Branchenführer haben sehr innovative Lösungen in ihren kollaborativen Netzwerken verwirklicht, wie die folgenden beiden Beispiele zeigen:

- *Dell Computer* verfolgt eine kundenbezogene Auftragsabwicklung. *Dell* ist darauf angewiesen, dass die Zulieferer die benötigten Komponenten rechtzeitig herstellen und liefern. »Wir haben für Großkunden schon einen Express-Service, mit dem wir einen Rechner innerhalb von nur 48 Stunden nach Auftragserteilung liefern können«, erklärt Michael Dell.[19] Ein freier Informationsfluss durch das kollaborative Netzwerk steht im Zentrum der Geschäftsstrategie von *Dell*.

- *Procter & Gamble (P&G)* beherrscht die Klaviatur des Lieferket-
  tenmanagements meisterhaft. Der Konzern entwickelt gemeinsam
  mit Lieferanten und Händlern Geschäftspläne und Abläufe, um
  sämtliche überflüssigen Ausgaben auf allen Stufen der Lieferkette
  aufzuspüren. Den Schätzungen von *P&G* zufolge haben die so
  erzielten Effizienzsteigerungen den Kunden im Einzelhandel jähr-
  liche Einsparungen in Millionenhöhe ermöglicht.

Martin Deise, Conrad Nowikow, Patrick King und Amy Wright
unterscheiden drei Beziehungstypen in kollaborativen Netzwerken:
Beziehungen zu Anbietern von Standardprodukten, strategische
Beziehungen und marktorientierte Beziehungen.[20]

Bei den *Anbietern von Standardprodukten* wird der Bedarf an
Produktions- und Betriebsmitteln gedeckt. Das Unternehmen wählt
die Anbieter nach den Kriterien Preis, Service, Lieferbarkeit und,
falls der Transport eine Rolle spielt, Entfernung aus. Das Internet
spielt dabei eine immer größere Rolle. Die schnell verfügbaren und
umfassenden Informationen im Internet und die Möglichkeiten der
direkten Kommunikation führen dazu, dass die Unternehmen auch
mit kleineren Lagern auskommen. Beim so genannten Vendor-
Managed Inventory erledigt ein Lieferant die Lagerdisposition für
seine direkten Abnehmer. Dazu muss ihm der Abnehmer Informationen über die aktuelle Bestandsentwicklung, Bedarfsprognosen
und Logistikaspekte mitteilen. Der Lieferant entscheidet dann, wann
die Lagerbestände aufzufüllen sind. Die Vorteile dieses Systems liegen in einer Senkung der Zykluszeiten, des Personalbedarfs und der
Kosten, während gleichzeitig die Effizienz in der Lagerhaltung und
Disposition steigt.[21]

*Strategische Beziehungen* bestehen zu Unternehmen, die Produkte
liefern, die keine Standardprodukte sind und in den Produktions-

und Lieferprozess des Abnehmers eingehen. *Intel* ist als Chiplieferant ein strategischer Partner von *IBM*. *FedEx* ist ein leistungsfähiger strategischer Partner des Online-Floristen *Calyx & Corolla*. *ACNielsen* liefert als strategischer Partner von *Kraft Foods* Marketingdaten, mit denen *Kraft* schneller als andere auf Markttrends reagieren kann.[22]

Das Internet spielt eine wichtige Rolle bei der Anbindung von Unternehmen an ihre strategischen Lieferanten, etwa durch Modelle wie das Vendor-Managed Inventory (VMI) oder Collaborative Planning, Forecasting and Replenishment (CPFR), mit dem gemeinsame Planungs-, Prognose- und Bestandsmanagementprozesse optimiert werden. In der Phase der Produktentwicklung nutzen Lieferanten und Unternehmen das Internet dazu, sich über technische Anforderungen zu verständigen und die gemeinsame Planung zu koordinieren. Es wird von den Anbietern und ihren Abnehmern auch für die Kommunikation langfristiger Preisvereinbarungen und Blankobestellungen genutzt.

*Marktorientierte Beziehungen* schließlich bestehen zu Partnern, mit denen die Unternehmen allein oder als Teil eines Zusammenschlusses zusammen arbeiten, um ein ganzes Bündel von Produkten und Dienstleistungen zu liefern. Ein Beispiel sind Krankenhauslieferanten, die sich zusammenschließen und ihre Angebote auf einer Website veröffentlichen, auf der die Klinikeinkäufer dann ihren Bedarf decken können.

# Anwendungen zur funktionsüber-
# greifenden Integration

Das E-Business führt zu einer kompletten Erneuerung von Unternehmenssystemen und unternehmensübergreifenden Systemen. Sichtbar wird dies etwa an den Anwendungs-Clustern, die in immer mehr Firmen installiert werden und verschiedene interne Funktionen unter ihrem Dach vereinen, vom Enterprise Resource Planning (*SAP*) und Kundenmanagement (*Siebel Systems*) über das Lieferkettenmanagement (*i2 Technologies*) und Vertriebskettenmanagement (*Trilogy*) bis hin zum Ressourcenmanagement (*Ariba*).

Die Unternehmen benötigen in dieser Situation weniger einen Softwareanbieter als einen Partner, der sie beim Einsatz der Anwendungen berät. Pete Hitchen, Senior Internet Analyst bei *ICD*, meinte dazu: »Sie brauchen einen Partner, der sich über alle Trends auf dem Laufenden hält. Glauben Sie bloß nicht, dass es ausreiche, Markensoftware zu kaufen. Sie müssen sie bei jemandem kaufen, der Ihre Branche genau kennt.«

Die Anbieter der Anwendungssoftware bieten ihren Kunden spezielle Kompetenzen und Vorteile. *Oracle* verspricht etwa, die Verwaltungsprozesse seiner Kunden in Selbstbedienungsprozesse zu verwandeln, interne Informationen externen Ansprechpartnern zugänglich zu machen und jeder Transaktion die bestmögliche Informationsausbeute abzugewinnen. Die CRM-Lösungen von *Oracle* sollen es ermöglichen, alle Kundeninteraktionen in einer einheitlichen Anwendung zu verfolgen. *Oracle* spricht insbesondere die Automobil-, Luftfahrt- und pharmazeutische Industrie sowie den öffentlichen Dienst und Versorgungsunternehmen an.

*Ariba* dagegen führt in seinem Ressourcenmanagementsystem Käufer und Anbieter im Internet zusammen. Die Schlüsselmärkte des Unternehmens liegen im Verbrauchermarkt, in der Erdöl- und Telekommunikationsindustrie, der High-Tech- und Finanzbranche sowie im Transportgewerbe.[23]

Die neuen digitalen Techniken haben es den Firmen ermöglicht, bessere und fundiertere Entscheidungen in Bereichen wie der Bedarfs-, Transport-, Vertriebs- und Auftragsplanung zu treffen. Aber dazu benötigen sie mehr als nur die richtige Software. Sie benötigen Fähigkeiten im Geschäftspartnermanagement, um sich an der Spitze behaupten zu können.[24]

## Fragen an Ihr Unternehmen

- Gibt es in Ihrem Unternehmen realistische Möglichkeiten, um ein gezieltes Kundenmanagement zu betreiben und auf jeden Kunden individuell einzugehen?
- Haben Sie eine Methode, um den Wert der lebenslangen Kundenbeziehung zu schätzen? Falls nicht, was steht der Entwicklung einer solchen Methode im Weg?
- Unterscheidet Ihr Unternehmen die Kunden nach ihrer Profitabilität? Welche Methoden werden dazu eingesetzt? Können Sie diese verbessern?
- Wie könnte Ihr Unternehmen das Internet nutzen, um möglichst vielversprechende Interessenten zu finden und die Kundenbedürfnisse besser kennen zu lernen?
- Hat Ihr Unternehmen ein Intranet eingerichtet? Welchen Zwecken dient es hauptsächlich, und welche Vorteile hat es? Wo liegen seine Grenzen?
- Betreibt Ihr Unternehmen ein internes Ressourcenmanagement (etwa in Form einer Anwendung für das Enterprise Ressource

Planning, Supply Chain Management oder Customer Management)? Wenn nicht, warum nicht? In welche Lösung würden Sie zuerst investieren, und welche Ergebnisse würden Sie erwarten?

- Mit welchen Händlern und Lieferanten sollte Ihr Unternehmen eine elektronische Anbindung anstreben, um Informationen und Transaktionen gemeinsam zu bearbeiten?
- Hat Ihr Unternehmen die eigenen Abteilungen ausreichend vernetzt, um zu gewährleisten, dass es ein effektives Geschäftspartnermanagement betreiben kann?

# 7. Die Integration der Marketingaktivitäten

Im Industriezeitalter standen die »Vier P des Marketing« – Product, Price, Placement, Promotion – im Zentrum eines jeden Marketingplanes: Die Unternehmen entwickelten ein Produkt und definierten seine Merkmale und Vorteile, legten den Preis dafür fest, entschieden, auf welchem Weg sie es vertreiben wollten und betrieben dann eine mehr oder minder aufdringliche Absatzförderung durch Werbespots und Anzeigen, Public Relations und Direktwerbung. Diese Vorgehensweise war eingleisig und allein vom Hersteller gesteuert.

Welche Rolle spielen die klassischen »Vier P« nun in der digitalen Wirtschaft? Digitale und insbesondere Multimedia-Technologien haben das Informations- und Interaktionsmonopol der Unternehmen schon längst aufgeweicht: Heute sind direkte Interaktionen zwischen Anbietern und Kunden möglich, die eine ganze Palette neuer Marketingaktivitäten ermöglichen. Der Internetbrowser als Schnittstelle zum Internet könnte die Rolle einer Killeranwendung spielen, wenn es um neue Leistungsebenen im Marketing geht.[1]

Während sich das Internet als allgegenwärtiges Medium etabliert, entsteht ein neues Instrument für die Entfaltung von Marketingakti-

vitäten: das »Mobilemediary«. Gemeint sind etwa Handys, Personal
Digital Assistants oder Pager, über die ein Internetzugang hergestellt
werden kann und Werbebotschaften empfangen werden können.
Das Marketing ist nicht mehr nur auf Desktopcomputer beschränkt,
um den Kunden virtuelle Erfahrungen zu bieten, sondern sie können
auch über elektronische Brieftaschen, intelligente Karten, mobile
Einkaufslisten und ans Internet angebundene Point-of-Sale-Systeme
angesprochen werden.

Die vier Grundbausteine, mit denen wir uns in diesem Kapitel
beschäftigen wollen, sind die Kundenvorteile, der Geschäftskontext, das Kundenmanagement und das interne Ressourcenmanagement. Sie stellen die Plattform dar, auf welcher die Marketingaktivitäten entwickelt werden (siehe Abbildung 7.1). Wir
gehen darauf ein, wie sich der Schwerpunkt der Marketingaktivitäten in der digitalen Wirtschaft verschiebt und welche Auswirkungen dies auf die Vertriebskanäle, Absatzaktivitäten und Preisgestaltung hat. Wir haben diese Themen in den vorangegangenen
Kapiteln schon unter dem Blickwinkel der Produktentwicklung
angesprochen.

**Abbildung 7.1:** Die Plattform der Marketingaktivitäten

# Management der Vertriebskanäle

Die Zahl der Vertriebskanäle ist explosionsartig angestiegen. Die Unternehmen müssen auf diese Entwicklung reagieren und ihre Angebote und Preise auf die verschiedenen Kanäle abstimmen. Im Folgenden beschäftigen wir uns mit den wichtigsten Fragen und Chancen, die sich daraus ergeben.

## Konflikte zwischen Vertriebskanälen

Das Internet stellt einen neuen Informations-, Kommunikations- und Vertriebskanal dar. Für reine Internetfirmen wirft der Online-Verkauf keine Probleme auf, doch in etablierten Unternehmen mit Händlernetzen bildet sich meist starker Widerstand dagegen. Diese Unternehmen stehen vor der oft schwierigen Frage, wie sie Vertriebsaktivitäten im Internet entfalten können, ohne damit ihren Filialen, Händlern oder Vertretern zu schaden. Die folgenden Beispiele zeigen einige Lösungsmöglichkeiten:

- Wenn eine Filiale der Modekette *Talbots* einen Artikel nicht vorrätig hat, kann er über das Callcenter der Filiale bestellt werden. Da die Versandpauschale von 4 Dollar für Bestellungen über das Callcenter unter den 5 bis 14 Dollar für reguläre Katalogbestellungen liegt, sind die Kunden motiviert, die Bestellung direkt in der Filiale aufzugeben. Diese wiederum wird mit einer Gutschrift belohnt.[2]
- *Liberty Mutual* befragt jeden Online-Kunden, ob er seine Geldgeschäfte lieber direkt oder über einen Finanzberater abwickeln möchte. Im letzteren Fall werden die Kundeninformationen an einen Berater weitergegeben.[3]

- *Avon* konnte das immense Potenzial des Internets irgendwann nicht mehr ignorieren. Zum Glück ergab sich aus der Marktforschung, dass sich der Kreis der vorhandenen Kundinnen mit dem möglicher Internetkundinnen kaum überschnitt. So stand einem Internetauftritt von *Avon* nichts entgegen. Mittlerweile bietet der Kosmetikkonzern seinen Vertreterinnen sogar an, sie bei der Einrichtung einer eigenen Website zu unterstützen, um ihre Umsatzzahlen auf diesem Weg zu erhöhen.[4]
- *Gibson Guitars* gab nach massiven Protesten seiner Händler den Plan auf, Gitarren im Internet zu verkaufen, bietet nun aber Zubehör wie Saiten und andere Teile in seinem Internetshop an.[5]
- *J. C. Penney* bietet auf seiner Website Online-Coupons an, die ausgedruckt und in den Filialen eingelöst werden können. *Penney* könnte im Internet auch Produkte anbieten, die im Vertrieb über die Filialen nicht rentabel sind.[6]

# Attraktive und effektive Firmenwebsites

Eine Firmenwebsite dient dazu, Informationen mitzuteilen, Transaktionen abzuwickeln und Beziehungen zu Kunden, Geschäftspartnern und den unterschiedlichsten Ansprechpartnern eines Unternehmens aufzubauen. In ihr sollten sich die Qualitätsansprüche, die Leistungsfähigkeit des Kundendienstes und die Reaktionsgeschwindigkeit des Unternehmens spiegeln. *Disney* nutzt seine Website etwa besonders zur Markenpflege, zur Bekanntmachung der einzelnen *Disney*-Figuren und zur Werbung für das Kinderprogramm bei *ABC*. *Procter & Gamble* hat sehr attraktiv gestaltete Websites für einzelne Marken wie *Crest, NyQuil, Vicks, Sunny Delight, Folgers* und *Charmin* entwickelt.[7]

Viele Firmenwebsites sind derzeit jedoch alles andere als benutzerfreundlich. Bei ihrem Entwurf hat man sich zu wenig um die Bedürfnisse der Benutzer oder Besucher gekümmert. In »Why Most Websites Fail« (»Warum die meisten Websites ein Flop sind«) berichten die Marktforscher von *Forrester*, dass 40 Prozent der Besucher, die eine Firmenwebsite zum ersten Mal aufgerufen haben, durch schwer zu lesende Texte, lange Ladezeiten oder mangelnde Zuverlässigkeit von einem erneuten Besuch der Website abgeschreckt werden. Aus dem Bericht ergibt sich auch, dass ein Surfer seine schlechten Erfahrungen mit einer Website gleich an mehrere Menschen in seinem Umfeld weitergibt.[8]

Unternehmen, die ihren Internetauftritt optimieren möchten, können die Surfer um ihr Feedback bitten. *Yahoo!* hat seinen Besuchern wiederholt die Gelegenheit gegeben, ihre Meinung zu neuen Angeboten zu äußern. *Amazon* hat seine Kunden eingeladen, ein neues Navigationssystem zu testen. Einige Internetsites wie *Amazon.com* und *CDNOW* bitten ihre Kunden um Buchrezensionen oder die Beurteilung von CDs und anderen Produkten, die dann auf der Site veröffentlicht werden. Ein Unternehmen, das seinen Kunden zuhört, erfüllt schon eine der wichtigsten Voraussetzungen für einen erfolgreichen Internetauftritt.[9]

Interaktive Communitys ermöglichen es dem Unternehmen, sich über die Kundenkritik zu informieren und darauf zu reagieren. Was passiert, wenn man die gewonnenen Erkenntnisse ignoriert, zeigt das folgende Beispiel:

Mitte der neunziger Jahre konnten einige Wissenschaftler nachweisen, dass eine neue Mikroprozessorgeneration von *Intel* bei Rechenoperationen mit sehr hohen Zahlen nicht zuverlässig funktionierte, und sie informierten den Chiphersteller darüber. *Intel* ging auf ihre Meldungen nicht ein. Das Phänomen wurde binnen kurzem von Wissenschaftlern aus aller Welt im Internet diskutiert und von vielen weiteren Fachleuten bestätigt. In einer gemeinsamen Aktion schickten sie Hunderte von E-Mails an das Unternehmen, das jedoch lediglich mit einer Standard-E-Mail reagierte. Die Geschichte ging an die Presse und gelangte weltweit in die Nachrichten. Das Image von *Intel* nahm großen Schaden.[10]

Unternehmen sollten Websites entwickeln, die fließende Erfahrungen ermöglichen. Je störungsfreier ein Kunde über die Website mit dem Unternehmen interagieren kann, desto größer sind dessen Chancen, in neue Dimensionen des Kundenservice und der Kundenzufriedenheit vorzustoßen. Wo der Informationsaustausch zwischen Unternehmen und Kunden zuverlässig und reibungslos vonstatten geht, gewinnt das Unternehmen neues Profil und es kann seine Kunden noch enger binden.

Es ist verhältnismäßig einfach, einen Besucher zum ersten Besuch einer Website zu animieren: Dazu brauchen Sie nur genug Geld für die Offline- und Online-Werbung auszugeben oder mit einem Gratisangebot im Internet zu locken. Die meisten Dot.com-Firmen hatten damit erstaunlichen Erfolg. *Amazon.com* etwa berichtet von 23 Millionen Surfern, die seine Website mindestens ein Mal besucht haben.

Doch wenn die Surfer es bei einem einmaligen Besuch belassen, hat das Unternehmen nichts gewonnen. Deshalb muss eine Website genügend Anreize zur Wiederkehr enthalten. An diesem Kriterium der Wiederholungsbesuche beurteilen etwa Wagniskapitalfirmen und andere Investoren die Qualität des Publikums einer Site. Die entsprechenden Informationen gewinnt man durch Cookies, die auf dem Rechner des Internetsurfers angelegt werden, um Daten über ihn zu speichern, die bei späteren Besuchen der Site wiederverwendet werden.

Bei der Gestaltung attraktiver Websites müssen sowohl Kontext-faktoren wie auch Inhaltsfaktoren berücksichtigt werden.

*Kontextfaktoren*
Besucher beurteilen eine Website nach der Bequemlichkeit ihrer Nutzung und nach optischen Gesichtspunkten. Die Bequemlichkeit hängt von den folgenden Merkmalen ab:

- Die Site lässt sich schnell herunterladen.
- Die erste Seite ist leicht verständlich.
- Die Navigation auf der Site ist einfach, und die einzelnen Seiten öffnen sich schnell.

Die optische Attraktivität der Site hängt von den folgenden Faktoren ab:

- Die einzelnen Seiten sind übersichtlich und nicht mit Inhalt über-frachtet.
- Die Schriftarten und -größen sind am Bildschirm gut lesbar.
- Farbe und Ton werden geschickt eingesetzt.

*Inhaltsfaktoren*
Die obigen Kontextfaktoren sind jedoch nur erste Voraussetzungen, um die Surfer zu Wiederholungsbesuchen anzuregen. Den Ausschlag dazu gibt letztlich der Inhalt der Site. Er muss interessant, nützlich und abwechslungsreich sein. Einige Inhaltsangebote eignen sich besonders gut dazu, Erstbesucher anzuziehen und zum Wiederho-lungsbesuch zu animieren:

- Verweis auf detailliertere Informationen durch Links
- Aktuelle Nachrichten von Interesse
- Wechselnde Gratisangebote

- Gewinnspiele und Preisausschreiben
- Humor und Witze
- Internetspiele

Das Unternehmen muss die Attraktivität und Nützlichkeit seiner Website regelmäßig überprüfen. Dazu kann es etwa Experten im Websitedesign hinzuziehen. Aber eine wichtigere Informationsquelle sind die Nutzer, die ihre Meinung zur Site äußern und Verbesserungsvorschläge machen können.

## Interaktive Communitys

Unternehmen können über interaktive Communitys in einen Dialog mit ihren Kunden treten. Sie können Netzwerke aufbauen, deren Mitglieder Mundpropaganda für ihre Angebote betreiben. So betrachtet sich *Apple* als Club für seine Mitglieder und *Saturn* als Club für Autobesitzer.[11] Eine Community entsteht dann, wenn einzelne Kunden ihre Beziehung zum Unternehmen vertiefen und untereinander interagieren.

Es gibt unterschiedliche Typen von Communitys, die Unternehmen betreiben können. Sie unterscheiden sich nach dem Alter ihrer Mitglieder (*www.tripod.com* wendet sich an Surfer zwischen 25 und 30 Jahren), nach ihrer geografischen Herkunft (etwa *www.mauritius.net*), nach ihrer Branche (etwa *textilefind.com* für die Textilbranche), nach spezifischen Aufgabenstellungen (*monster.com* etwa hilft bei der Jobsuche und Personaleinstellung) und nach ihren Interessenbereichen (etwa die Sportsite *www.ESPN.com*).[12]

Communitys befinden sich in ständiger Entwicklung. Sie spalten sich und bringen neue Communitys, oft mit eigenen Internetadressen hervor, wenn sich genug Mitglieder für die Einzelaspekte eines umfassenderen Themas finden. Man spricht von der fraktalen Tiefe einer Community, um die Anzahl ihrer Teilbereiche anzugeben. Es kommt auch vor, dass der Community-Typ wechselt: So kann sich eine Community mit Mitgliedern, denen ihre geografische Herkunft gemeinsam ist, in eine themenbezogene Community entwickeln, oder eine Community mit Mitgliedern einer bestimmten Altersgruppe in eine geografisch orientierte verwandeln. In diesem Fall spricht man von der fraktalen Breite. Die Anziehungskraft und das Marktpotenzial einer Site hängen in hohem Maß von diesen Faktoren ab.[13]

Auch virtuelle Communitys, in denen die Kunden untereinander interagieren, können für ein Unternehmen sehr nützlich sein. Community-Sites haben gegenüber kommerziellen Websites eine Reihe von Vorteilen. In Online-Gemeinden entstehen im Lauf der Zeit wahre Informationsschätze in Form von Daten über die Interessen, Aktivitäten und Bedürfnisse ihrer einzelnen Mitglieder. Wenn sich das Unternehmen auch noch auf Interaktionen mit den Mitgliedern einlässt, besitzt es die besten Voraussetzungen dafür, seine Produkt- und Dienstleistungsangebote an die spezifischen Bedürfnisse der Kunden und Interessenten anpassen zu können. Gibt ein Unternehmen seinen Kunden die Gelegenheit, im Rahmen einer Community auf relevante Produktinformationen online zuzugreifen und mit erfahrenen Nutzern darüber zu sprechen, haben potenzielle Käufer eine hervorragende Entscheidungshilfe und sind eher zum Kauf bereit. Die Unternehmen können auch direkt mit den Endverbrauchern kommunizieren und die Geschäfte ohne Mittler abwickeln: Die meisten Fluggesellschaften haben Online-Buchungssysteme für ihre Kunden eingerichtet, sodass diese keine Reisebüros mehr einschalten müssen.[14]

Es ist sehr einfach, Communitys zu gründen, in denen sich die Nutzer von Produkten (etwa von Softwarepaketen) austauschen. Der Vorteil für die Mitglieder liegt darin, dass sie einander hilfreiche Ratschläge erteilen können, während die Unternehmen erfahren, welche Themen ihre Kunden beschäftigen und mit welchen Produktaspekten sie nicht zufrieden sind.

Community-Sponsoren sollten den nächsten Schritt tun und sich aktiv mit den Zielen der Community identifizieren. Die Kunden von *Cisco Systems* etwa haben die Möglichkeit, sich in die Produktentwicklung einzuschalten und anderen Kunden mit Ratschlägen weiterzuhelfen, was wiederum *Cisco* zu Einsparungen im Kundensupport verhilft.[15] *Cisco* ist es gelungen, eine Nutzergemeinde in eine Wertgemeinde zu verwandeln. Der nächste Schritt besteht darin, eine Wertgemeinde in Bedürfnisgemeinden zu überführen, in denen individuelle Bedürfnisse befriedigt werden können.[16]

Der Aufbau von Online-Gemeinden erfordert jedoch beträchtliche Investitionen, vor denen viele Unternehmen zurückschrecken. Dennoch kann es gefährlich sein, sich zu viel Zeit zu lassen. Candice Carpenter, CEO von *iVillage*, warnte: »Wenn ein Unternehmen in den nächsten zwölf Monaten keine bekannte Community aufbaut, dann wird es zu spät sein.«[17]

## Mundpropaganda durch Network-Hubs

Network Hubs sind Verbraucher, die sich häufig mit anderen über Produkte und Leistungen austauschen, sodass ein Netz aus unzähligen Gesprächen entsteht. Sie stellen Schnittstellen dar, über die Meinungen an unzählige Personen weitergetragen werden. Sie werden auch Meinungsführer, Beeinflusser, Lead User oder Power User genannt. Network Hubs, über die sich die Meinungen vervielfältigen, kaufen neue Produkte nicht zwangsläufig als Erste, aber sie haben einen großen Einfluss auf den weiteren Absatz der von ihnen beworbenen Produkte.

Everett Rogers weist darauf hin, dass solche Meinungsführer kosmopolitischer als andere sind. Sie pflegen Kontakte, die über ihre jeweiligen lokalen Systeme hinausreichen. Verschiedene Network Hubs in der High-Tech-Branche etwa pflegen den Austausch untereinander, um neue Informationen zu erhalten. Man findet diese Meinungsführer auf Fachmessen, in User Groups und in Online-Foren, wo sie wiederum neue Kontakte knüpfen.[18]

In vielen Branchen spielt die Mundpropaganda eine große Rolle. Deshalb ist es für die Unternehmen so wichtig, die Network Hubs und ihre Netze zu kennen, in denen die Meinungen über ihre Produkte ausgetauscht werden. Dabei müssen sie besonders auf folgende Fragen achten:[19]

- Mit welchen Argumenten empfehlen die Kunden das Produkt weiter?
- Wie schnell breiten sich Informationen über das eigene Pprodukt aus, verglichen mit anderen Produkten der Konkurrenz?
- Wo stößt die Weitergabe der Informationen auf Hindernisse?
- Auf wie viele Informationsquellen verlässt sich ein Kunde? Welchen Quellen vertraut er besonders?
- Welche anderen Informationen werden in denselben Netzwerken weitergetragen?

Die Bedeutung der Mundpropaganda ist für die einzelnen Unternehmen unterschiedlich. Interessante Produkte wie neue Bücher, CDs und Filme, innovative Produkte wie der Walkman und der Palm Organizer, persönliche Erfahrungen mit Hotels, Fluggesellschaften und Autos, komplexe Produkte wie Software und medizinische Dienstleistungen, teure Produkte wie Computer und Verbraucherelektronik und schließlich vom Geschmack abhängige Produkte wie Bekleidung, Autos und Handys sind dafür prädestiniert, einen Meinungsaustausch unter den Kunden anzuregen.[20]

# Auswirkungen auf die Werbung

Wer den Absatz seiner Produkte fördern wollte, musste bisher hohe Ausgaben für die Werbung und andere Marketingaktivitäten auf den B2C-Märkten und für den persönlichen Verkauf in B2B-Märkten einplanen. Heute denken viele Firmen über den Sinn dieser Ausgaben nach. Sie haben erkannt, dass die Massenwerbung, wie sie größtenteils über das Fernsehen ausgestrahlt wird, ihre Wirkung verloren hat: Die Zahl der Kanäle steigt immer weiter, viele Zuschauer schalten bei Werbeblöcken um, und insgesamt sinkt die vor dem Fernseher verbrachte Zeit ohnehin. Die Verbraucher hören schon deshalb mehr Radiospots, weil sie in Ballungsgebieten durch Verkehrsstaus länger im Auto festgehalten werden. Durch Werbeanzeigen in bestimmten Zeitschriften können sie auch viel gezielter als etwa durch TV-Spots angesprochen werden.

Im Firmengeschäft wiederum haben die Unternehmen erkannt, dass ihre Vertriebsorganisationen den größten Ausgabenposten in ihrem Marketingetat darstellen und suchen deshalb nach Einsparungsmöglichkeiten. Die Aufgaben der Verkäufer werden neu ausgerichtet: Sie erschöpfen sich nicht mehr darin, einen potenziellen Käufer zu überzeugen, sondern sie sollen ihm nun auch zuhören, Lösungen vorschlagen und seine Geschäfte fördern. In manchen Fällen werden Außendienstmitarbeiter durch Telemarketingmitarbeiter abgelöst, die vor allem kleinere Firmenkunden suchen, ansprechen und bedienen. Die Unternehmen setzen auch Hoffnungen darein, dass ihre Websites die Vertriebsmitarbeiter entlasten: Wenn sich die Kunden und Interessenten wichtige Informationen über das Unternehmen und seine Produkte selbst beschaffen, gewinnen die Verkäufer mehr Zeit dafür, gemeinsam mit den Kunden zu überlegen, wie sie deren Erträge steigern können. Bei *Dell* etwa zeigen die Verkäufer den Kunden und Interessenten, wie sie ihre EDV-Kosten durch den Einsatz von *Dell*-PCs senken können.

Durch digitale Technologien werden die Mitarbeiter im Kundenservice also entlastet, weil sie weniger Kundenfragen beantworten müssen. *Cisco* und viele andere Unternehmen haben Listen von Frequently Asked Questions (FAQs) erstellt, die interessierte Kunden herunterladen können und Antworten auf eine breite Palette von häufig auftretenden Fragen zu Produkten enthalten. FAQs sind auch ein geeignetes Vehikel, um Informationen über Zahlungsbedingungen oder Datenschutzrichtlinien zu verbreiten. Eine gute FAQ-Liste, wie sie etwa auf der Website des *U. S. Postal Service* zu finden ist, enthält auch Links zu weiterführenden Websiteangeboten.[21]

Eine immer wichtigere Rolle spielt heute auch das Direktmarketing als Mittel, um Werbebotschaften über das Telefon, die Post und das Internet zu verbreiten. Auch Public-Relations-Instrumente wie Newsletter, Presseerklärungen, Veranstaltungen und Sponsorenschaften werden eingesetzt, um die Aufmerksamkeit der Kunden zu wecken und sie zum Meinungsaustausch auf dem Marktplatz und im Marktraum anzuregen. Schließlich setzen Unternehmen auch ihre Datenbanken, Datenfilterungstechniken, die automatische Computeranwahl und E-Mail-Systeme ein, um die Beziehung zu ihren Zielkunden aufzubauen und zu festigen.

In der Vergangenheit waren die einzelnen Etats und Instrumente der Marketingaktivitäten nur wenig integriert. Heute dagegen findet eine Entwicklung zur Integration der Werbemaßnahmen statt. Die Unternehmen müssen alle verfügbaren Kommunikationswege geschickt einsetzen, um ihren Zielkunden konsistente Nutzenangebote zu liefern.

Die Online-Werbung hat dabei ein rasantes Wachstum an den Tag gelegt und viele unterschiedliche Formen angenommen, wie die folgenden Beispiele zeigen.

## Bannerwerbung

Die am häufigsten genutzte Werbeplattform im Internet ist die Bannerwerbung. Die Werbebanner erscheinen in Form kleiner Boxen, die wenig Text und manchmal auch ein Bild enthalten. Meist sind sie ziemlich statisch, manche enthalten aber auch Animationen. Die Unternehmen bezahlen den Websites eine Gebühr für die Platzierung der Werbebanner, die sich nach der Besucherfrequenz bemisst, welche die Website nachweisen kann. Beliebte Portale wie *Yahoo!* und *America Online* verlangen entsprechend hohe Gebühren. Aber die Gebühren könnten vielleicht auch bald sinken. Noch 1999 klickten 5 Prozent der Nutzer ein Werbebanner auf ihrem Bildschirm an. Schon Mitte 2001 ist diese Rate auf magere 0,3 Prozent gesunken.[22] Deshalb wären Unternehmen, die Bannerwerbung betreiben, gut beraten, wenn sie nicht für die Platzierung selbst oder die erzeugten Kundenkontakte bezahlen, sondern mit dem Werbepartner eine Provision für die daraus resultierenden Umsätze vereinbaren würden. Aber vermutlich werden die Anbieter der Bannerwerbung dieses für sie riskantere Preismodell nicht so schnell akzeptieren.

*Sponsorenbeziehungen*

Viele Unternehmen machen im Internet auf sich aufmerksam, indem sie als Sponsoren für spezielle Inhalte auf verschiedenen Websites auftreten, die in irgendeiner Form mit ihren Produkten oder Dienstleistungen in Beziehung stehen. So ist *Gatorade* ein Sponsor für *NFL.com* und das Fantasyspiel »Virtual GM: The Postseason« von *NBA.com*.[23] Die Unterstützung des Sponsoren kann sich auf die gesamte Website oder nur auf einen Teilbereich beziehen. Sponsoren können auch neue Inhalte beitragen oder vorhandene Inhalte auf ihrer Site erweitern.

*Mikro-Sites*

Eine Mikro-Site ist »ein begrenzter Internetbereich, dessen Inhalte von einem externen Werbetreibenden oder einem Unternehmen verwaltet und bezahlt werden.«[24] Mikro-Sites spielen besonders für Unternehmen eine Rolle, die Produkte von relativ geringem Interesse (etwa Versicherungen) oder spontan gekaufte Produkte (Erfrischungsgetränke, Süßigkeiten) anbieten. Nehmen Sie etwa Versicherungen: Kaum jemand sieht sich veranlasst, die Websites der Versicherungsunternehmen regelmäßig zu besuchen. Aber ein Kfz-Versicherer kann potenzielle Kunden erreichen, indem er seine Mikro-Sites auf verschiedenen Auto-Websites platziert. Dort erhalten die Besucher dann also ebenso Beratung zum Autokauf wie Angebote für günstige Versicherungspolicen.

*Interstitial-Werbung*

Die so genannten Interstitials öffnen sich ähnlich wie Pop-up-Windows von allein und füllen mit ihrer Werbebotschaft einen großen Teil des Browserfensters aus. Sie werden nicht auf, sondern zwischen den Seiten eines Webangebots platziert. So sehen die Besucher von *www.msnbc.com* Interstitials zwischen der Homepage und der Sportseite, der Wirtschaftsseite und mehreren anderen Seiten. Bei *www.blender.com* können die Nutzer einen Blender-Browser herunterladen und dann Videos und Werbebotschaften, die den ganzen Bildschirm ausfüllen, in Form von Zehnsekunden-Interstitials ansehen.[25] *Johnson & Johnson* lässt auf den Websites von Wertpapierhändlern Werbespots für *Tylenol*-Kopfschmerz-tabletten anzeigen, wenn die Aktienmärkte um 100 Punkte oder mehr fallen.

Eine Extremform der Interstitial-Werbung sind die so genannten Browser-Ads. Diese Werbebotschaften werden Surfern gezeigt, die vorher ihre Zustimmung dazu erteilt haben und dafür Geld erhalten. *Alladvantage.com* etwa lädt eine Sichtleiste für die Nutzer herunter, in der zielgruppenorientierte Werbespots angezeigt werden. Die Surfer verdienen damit zwischen 20 Cents und 1 Dollar pro Stunde, die sie im Internet verbringen.

Die Werbetreibenden üben nun Druck auf die Websites aus, gegen eine höhere Gebühr größere Werbeanzeigen im Hoch- oder Quer-format – so genannte Skyscraper-Banner – zu zeigen. Aber die Webanbieter befürchten, damit ihre Besucher zu verärgern. Zeff und Aronson schlagen Folgendes vor:[26]

- Achten Sie darauf, dass Ihre Interstitials nicht die ganze Seite ein-nehmen, weil sie sonst zu aufdringlich wirken.
- Zeigen Sie die Interstitials dann, wenn sich auf dem Bildschirm eines Nutzers ohnehin nichts tut, etwa beim Herunterladen von Software.
- Gestalten Sie Ihre Interstitials interaktiv, damit diese die Auf-merksamkeit des Besuchers wecken.

*Allianzen und Partnerprogramme*

Internetunternehmen, die in bestimmten Bereichen zusammen arbeiten, betreiben irgendwann unweigerlich Werbung füreinander. *America Online* kann viele erfolgreiche Allianzen im Bereich der Inhaltsentwicklung und der Absatzförderung vorweisen. *Amazon.com* ist eine Allianz mit *Yahoo!* eingegangen. Auch Partnerprogramme sind Allianzen, die derzeit im Internet Hochkonjunktur haben. *Amazon* etwa hat über 350 000 Partner, die auf ihren Websites *Amazon*-Banner anzeigen.[27]

*Guerilla-Marketing*

Unternehmen können durch Guerilla-Marketing-Techniken auf sich aufmerksam machen und Mundpropaganda betreiben. So hat *Yahoo!* seinen Ableger *Yahoo! Denmark* gestartet, indem Mitarbeiter auf dem belebtesten dänischen Bahnhof 5 000 Äpfel mit einem *Yahoo!*-Aufkleber verteilten und bekannt gaben, dass auf der neuen Site innerhalb der nächsten Stunde eine Reise nach New York zu gewinnen sei. Es gelang *Yahoo!* sogar, die dänischen Zeitungen für diesen Coup zu interessieren.[28]

Andere Beispiele für das Guerilla-Marketing sind die Verteilung von Warenproben an stark frequentierten Orten (Flughäfen, Bahnhöfe, Sportveranstaltungen und Schulen) und Methoden des viralen Marketing, das Kunden animieren soll, Produkte weiterzuempfehlen, indem sie etwa E-Mails mit Werbebotschaften weiterschicken.[29]

*Push-Werbung oder Webcasting*

Die Werbetreibenden können eine gezielte Werbung betreiben, indem sie die Nutzer bitten, Bereiche anzugeben, für die sie Werbebotschaften erhalten möchten. Die Nutzer wählen bestimmte Werbefirmen und Unternehmen aus und erhalten dann die Werbeanzei-

gen über E-Mails durch Push-Werbung oder Webcasts. Aber vorher
müssen die Anbieter die Surfer auf ihre Website geholt haben, um sie
überhaupt um ihr Einverständnis bitten zu können. Der Vorteil für
die Unternehmen besteht darin, dass die Push-Werbung gezielt ist
und nur diejenigen Empfänger erreicht, die am Produkt interessiert
sind.[30]

Die Werbeformate im Internet werden ständig weiterentwickelt.
Um die Vor- und Nachteile jeder Werbeform beurteilen zu können,
müssen die Unternehmen sowohl die Informationstechnologien als
auch die Internetentwicklungen im Auge behalten.

Die Unternehmen müssen ihre Online- und Offline-Werbung in
ein ausgewogenes Verhältnis bringen, um den Online-Verkehr optimal nutzen zu können. Medienkonzerne wie *CNN* und *MSNBC* verbreiten die Werbung für ihre Websites über ihre Fernsehkanäle.
*Honda* und *Armani* sind für ihre ganzseitigen Werbeanzeigen bezüglich ihrer Internetaktivitäten in der Zeitschrift *Wired* sogar mit Preisen ausgezeichnet worden. Heutzutage gibt es Werbeagenturen, die
sich darauf spezialisieren, dot.com-Unternehmen bei der Integration
ihrer Offline- und Online-Marketingaktivitäten zu unterstützen.[31]

## Die Preisgestaltung

Die Preisstrategie beeinflusst das Verhalten der Kunden und der
Konkurrenten in hohem Maß. Dabei besteht immer ein Spannungsfeld zwischen Preisstrategien, die auf sofortige Gewinne abzielen
und jenen, mit denen eine langfristige Rentabilität angestrebt wird.
Die Anbieter müssen sich deshalb zunächst einmal ihre Unterneh-
mensziele vor Augen führen, um die Preisbildung dann entsprechend

abstimmen zu können. Mögliche Ziele bei der Preisgestaltung könnten lauten, die Kundenabwanderungsraten zu senken, den Übergang zu neuen Technologien zu fördern, die Marktdurchdringung in spezifischen Kundensegmenten zu verstärken, sich von unrentablen Vertriebspartnern zu trennen oder unrentable Kunden abzuschrecken.

Viele Unternehmen sind überzeugt, dass die Verbraucher durch das Internet preisbewusster geworden sind. Immerhin sind sie nur einen Mausklick von der Konkurrenz entfernt. Dennoch hat eine neue Studie gezeigt, dass der durchschnittliche Buchkäufer nur 1,2 Sites und der durchschnittliche Musikkäufer nur 1,8 Sites vergleicht, bevor er eine Entscheidung trifft. Interessanterweise sind die Buchpreise bei *Amazon* um durchschnittlich 9 Prozent höher als bei den günstigsten Internetanbietern. Dennoch gewinnt *Amazon* weiterhin Marktanteile. Offensichtlich ist der Preis also nicht unbedingt das entscheidende Kriterium, vor allem wenn die Artikel ohnehin nicht im Hochpreisbereich liegen. Aber auch dies könnte sich ändern, wenn Preisvergleich-Websites die Vergleiche noch leichter machen. *Price Watch* etwa bietet Produktbeschreibungen und Preisangaben für eine breite Palette von Computersystemen und Zubehör an und liefert die Links zu den Online-Geschäften, die sie verkaufen, gleich mit.[32]

Verspricht eine Site jedoch unverwechselbare Merkmale und Vorteile, könnte dies durchaus zur Folge haben, dass die Kunden bereit sind, einen etwas höheren Preis zu bezahlen. *Oracle* etwa bietet umfangreiche Informationen über seine Beratungsangebote, maßgeschneiderten Lösungen, den Online-Support und Schulungsmöglichkeiten, um zu beweisen, dass die relativ hohen Preise des Unternehmens gerechtfertigt sind. Das Unternehmen betont auf diese Weise sein einzigartiges Nutzenangebot und verringert so die Abwehrhaltung der Kunden gegen höhere Preise.[33]

Mit seinen verschiedenen Auktionen, Börsen und Einkaufsgemeinschaften hat das Internet eine dynamischere und zeitnahe Preisfindung ermöglicht. Die dynamische Preisbildung stellt die bisher üblichen Preisfindungsmodelle in Frage, in deren Zentrum die Anbieter standen. Die Preise für Flugtickets und Hotelzimmer können sich täglich ändern, je nachdem, bei welchen Preisen die Kapazitäten optimal ausgenutzt werden. Die Fluggesellschaften setzen intelligente Software ein, die das Preisangebot eines Kunden beurteilt und die Wahrscheinlichkeit schätzt, ob das Ticket auch noch zu einem höheren Preis verkauft werden kann und wie hoch die Verluste sind, wenn der Platz beim Start des Flugzeuges tatsächlich leer bleibt.[34]

Auch Auktionen tragen dazu bei, dass Preise dynamischer als früher gebildet werden. Die Effizienz von Auktionen zeigt sich im Internet in zweierlei Hinsicht: Zum einen erfahren die Bieter mehr über die jeweiligen Artikel, weil mehr Informationen bereitgestellt werden. Zum anderen steigt die Zahl der Bieter: Heute können Interessenten unter über 2 000 elektronischen Marktplätzen wählen, die ihre Angebote über Auktionen verkaufen, von Schweinen über Gebrauchtwagen bis zu Chemikalien. Es gibt vier wichtige Auktionstypen:

1. *Englische Auktionen*, in denen die Käufer gegeneinander bieten und der Käufer mit dem höchsten Preisangebot den Zuschlag erhält. Dieser Auktionstyp ist derzeit im Internet vorherrschend. Auf diese Weise werden Vieh, gebrauchte Ausrüstungsgüter und Fahrzeuge, Immobilien, Kunstgegenstände und Antiquitäten verkauft. Beispiele für solche Auktionshäuser sind *Egghead.com* und *eBay.com*.
2. *Dänische Auktionen*, bei denen die Verkäufer ihre Angebote platzieren und der Käufer das Angebot des niedrigsten Bieters akzeptiert. So funktionieren der Blumenmarkt in Amsterdam ebenso wie das *Trading Process Network* von *GE*.

3. *Auktionen mit verschlossenen Angeboten*, in denen als Einziger der Auktionator die Angebote kennt. So würde ein Unternehmen, das ein Kraftwerk bauen will, verschlossene Angebote anfordern, damit kein Anbieter weiß, zu welchen Konditionen seine Konkurrenten anbieten.

4. *Double Auctions*, bei denen es Kauf- und Verkaufsangebote gibt. Die Kauf- und Verkaufsinteressenten nennen ihre Preise, die von entsprechenden Softwareprogrammen verarbeitet werden, damit ein Abschluss herbeigeführt werden kann. Die Aktienmärkte sind ein gutes Beispiel: Es gibt eine große Zahl von Käufern und Verkäufern, und Angebot und Nachfrage ändern sich laufend.

Das Internet hat viele neue Möglichkeiten eröffnet, um klassische Marketingaufgaben wie die Gestaltung der Vertriebswege, die Absatzförderung und die Preisgestaltung durchzuführen. Die Unternehmen liefern ihren Interessenten und Kunden heute weit mehr Informationen als früher, bieten ihnen oft die Möglichkeit des Direktverkaufs und bauen engere Beziehungen auf, indem sie den Monolog durch einen Dialog ersetzen.

# Fragen an Ihr Unternehmen

- Wie kann Ihr Unternehmen seine Website verbessern, um mehr Besucher anzuziehen und mehr Geschäfte anzubahnen?
- Wie kann Ihr Unternehmen effektiv im Internet werben? Welche Rolle sollten dabei Werbemittel wie Banner, Sponsorenschaften, Interstitials und Mikro-Sites spielen?
- Inwiefern sollte Ihr Unternehmen seine Preisstrategie ändern, um in der digitalen Wirtschaft konkurrenzfähig zu sein?

# 8. Der Entwurf der Organisationsmodelle

Wir sind nun bei der Diskussion der Grundbausteine des Geschäftskontextes, der Geschäftspartner, des internen Ressourcenmanagements und des Geschäftspartnermanagements angelangt. Im Zusammenspiel dieser Bausteine entsteht die Plattform der Organisationsmodelle (siehe Abbildung 8.1). Im Folgenden gehen wir auf die entsprechenden Schlüsselfaktoren ein.

**Abbildung 8.1:** Die Plattform der Organisationsmodelle

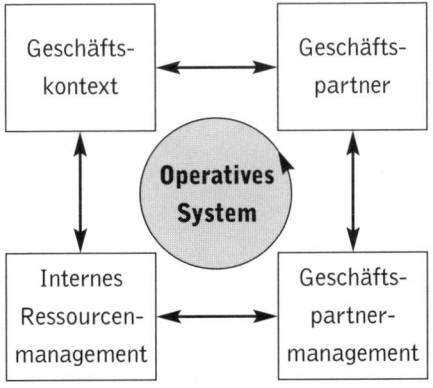

# Verkürzung der Markteinführungszeiten

Jedes Unternehmen möchte die Zeit für die Einführung neuer Produkte verkürzen. Ein Anbieter, der mit einem Produkt sechs Monate vor der Konkurrenz auf den Markt kommt, verdreifacht die möglichen Gewinne im Verlauf der Produktlebenszeit. Das gilt insbesondere in der pharmazeutischen Industrie, wo oft mehrere Wettbewerber gleichzeitig an einem bahnbrechenden Arzneimittel arbeiten. *Merck* fand als eines der ersten Unternehmen heraus, wie man das Genehmigungsverfahren der *Federal Drug Administration* beschleunigen konnte und sicherte sich damit erhebliche Vorteile.

Es rächt sich oft sehr, wenn die Einführung eines neuen Produkts nur sechs Monate zu spät erfolgt. Lange Markteinführungszeiten schaden dem Image und damit den Gewinnen. Diese Erfahrung blieb auch *General Motors* nicht erspart. Jahrelang sah der Konzern zu, wie seine Konkurrenten die Lorbeeren für Innovationen einheimsten, die unter seinem Dach entwickelt wurden. Reaktionsschnelle Autohersteller wussten sich die Grundlagenforschung von *General Motors* zunutze zu machen und waren dem Konzern bei der Markteinführung immer voraus. Die Verbraucher beurteilten jedoch die Modelle, die sie bei den Händlern stehen sahen und betrachteten *General Motors* als ewigen Zweiten.[1]

# Die Straffung des Order-to-Delivery-Prozesses

Unternehmen müssen auch ihren Order-to-Delivery-Prozess – die Abläufe von der Erfassung bis zur Ausführung einer Bestellung – verbessern. Oft hängen die Nutzenversprechen eines Unternehmens, etwa Geschwindigkeit, Bequemlichkeit, Zuverlässigkeit und individuelle Produktanpassung, von einem durchdachten Lieferprozess ab.

Der Wunsch nach schnellerem Service ist mittlerweile in allen Branchen laut geworden. Der US-Forstwirtschafts- und Bauproduktkonzern *Weyerhaeuser* etwa kann hohe Preise verlangen, weil er einen schnellen und differenzierten Lieferzyklus anbietet. Der mexikanische Zementhersteller *Cemex* hat viel Geld in die Digitalisierung seines Lieferprozesses investiert und ist nun jedem Konkurrenten voraus. *GE Aircraft Engines* hat mit einer integrierten Logistiklösung die Order-to-Delivery-Zeit um 15 bis 30 Tage verkürzt und die Kosten für die Erstellung eines Beschaffungsauftrages von 100 Dollar auf 5 Dollar gesenkt.[2]

Hat ein Unternehmen ernsthaft vor, die Zeit von der Auftragserteilung bis zur Abwicklung zu verkürzen, muss es die Vertriebskette und die Lieferkette integrieren. *Dell Computer* hat sein Front-End-System, wo die Aufträge eingehen, praktisch mit den Back-End-Funktionen der Montage, der Produktion und der Geräte- und Komponentenbeschaffung virtuell verknüpft. Bei *Dell* werden Kundenaufträge alle zwei Stunden per E-Mail an die Lieferanten übermittelt. Umgekehrt gehen bei *Dell* alle zwei Stunden Lieferungen ein. Die Lagerumschlagszeit beträgt lediglich acht Tage.

Die etablierten Anbieter vieler Branchen tätigen Investitionen, um den Übergang von den Atomen zu den Bits zu bewerkstelligen. So hat *Wal-Mart* etwa 300 Millionen Dollar ausgegeben, um sein Logistiksystem zu digitalisieren. Der Konzern hat Kommunikations- und Lagerverwaltungssysteme eingerichtet, um Verkaufs- und Bestelldaten verfügbar zu machen, und damit wieder einmal die Konkurrenz überrundet.[3]

Die Kunden haben kein Erbarmen mit Unternehmen, die nicht pünktlich liefern oder andere Unannehmlichkeiten verursachen. Sie wechseln einfach zu Konkurrenten, denen es besser gelungen ist, ihre Prozesse zu beschleunigen.

# Verschiedene Organisationsmodelle

Für jedes der fünf im Internet möglichen Organisationsmodelle gibt es eine andere Geschäftsarchitektur.

## Click-only

Click-only-Firmen sind reine Internetfirmen, die nie in einer anderen Organisationsform auf dem Markt präsent waren. *Travelocity.com* (heute die ausschließliche Flug-, Mietwagen- und Hotelbuchungsmaschine für *Yahoo!*) bietet Online-Buchungen und umfassende Reise- und Veranstaltungsinformationen an. Kunden von *Travelocity.com* können bei über 440 Fluggesellschaften, die 95 Prozent aller verkauften Flugtickets abdecken, bei über 4 200 Hotels, bei über 50 Autovermietungen und bei zahlreichen Eisenbahn-, Fähr- und Kreuzfahrtgesellschaften sowie Reiseveranstaltern buchen.[4]

*E\*TRADE*, ein weiteres reines Internetunternehmen, bietet seinen Kunden die automatische Abwicklung von Wertpapieraufträgen an. Damit geht eine ganze Palette von Produkten und Dienstleistungen einher, die personalisiert werden können, wie die Portfolio-Überwachung, Nachrichten und Aktiencharts für Anleger.

Auch *Homepoint.com* ist ein Kind des Internets. Das Unternehmen hat sich dafür entschieden, nicht in Konkurrenz zu den herkömmlichen Möbelgeschäften zu treten, sondern als Abwicklungs- und Vertriebszentrum für sie aufzutreten.[5]

## Von der digitalen in die reale Welt

Einige Internetfirmen machen die Erfahrung, dass sich früher oder später Investitionen in Sachanlagen, etwa Vertriebszentren, nicht vermeiden lassen. *Amazon.com* etwa ließ in der Anfangszeit die bestellten Bücher vom Großhändler *Ingram* ausliefern. Mittlerweile hat *Amazon* schon mehrere Lager gebaut, um die Bücher schneller versenden zu können. Allerdings betreibt der Händler immer noch keine stationären Buchhandlungen.

## Von der realen in die digitale Welt

Manche Unternehmen sind auch den umgekehrten Weg von der realen in die digitale Welt gegangen. Mit der Internetpräsenz wollen sie einen alternativen oder ergänzenden Vertriebskanal schaffen. *Charles Schwab* etwa bietet seine Finanzdienstleistungen nicht mehr nur über sein Callcenter und die Filialen an, sondern auch im Internet. Derzeit wickelt das Unternehmen etwa 60 Prozent des Handels

über die Website ab. *Schwab* ist heute der größte Online-Wert-
papiermakler. Das Unternehmen ist zwar kleiner als *Merrill Lynch*,
wartet aber mit einem weit höheren Börsenwert auf.[6]

In der Vergangenheit war die Bankfiliale der einzige Vertriebsweg
für die meisten Finanzprodukte. Heute bieten viele etablierte Banken wie *Wells Fargo* und die *Citibank* Online-Dienste an.[7]

Unternehmen, die den Online-Vertrieb als weiteren Vertriebskanal-
nal nutzen wollen, haben oft Probleme, dieses Vorhaben bei ihren
bisherigen Vertriebsorganisationen und -partnern durchzusetzen.
*Merrill Lynch* lehnte es zunächst aus Rücksicht auf seine Makler ab,
auch im Internet mit Aktien zu handeln. Aber das explosive Wachstum der Discount-Broker und des Online-Handels zwang den
Finanzdienstleister dazu, nachzuziehen. Während ein Broker für den
An- oder Verkauf von 500 Aktien für je 50 Dollar eine Rechnung
über 400 Dollar vorgelegt hätte, kostete dasselbe Geschäft bei *Charles Schwab* nur 30 Dollar. *Merrill Lynch* hofft, dass die meisten Kunden ihre Wertpapiergeschäfte weiterhin über ihre Broker abwickeln,
bietet aber auch den anderen, die selbst im Internet tätig werden
wollen, die Möglichkeit dazu an.[8]

Als *Sega of America* beschloss, seine Produkte online zu verkaufen, wählte es einen anderen Weg, um Vertriebskonflikte zu vermeiden: Die Online-Kunden bezahlen denselben Preis wie die
Ladenkunden, sind aber von Rabatten ausgeschlossen und müssen
die Frachtkosten bezahlen. Gelegentlich gibt es auf der *Sega*-Inter-
netseite Werbeaktionen, die es wiederum bei den Einzelhändlern
nicht gibt.[9]

Der Vertriebskonflikt wird deutlich abgeschwächt, wenn ein
Unternehmen über eigene Vertriebswege im Einzelhandel verfügt.
*Barnes & Noble* ist gegenüber *Amazon* insofern im Vorteil, als
seine Online-Kunden die Möglichkeit haben, eine *Barnes & Noble-*

Filiale zu besuchen, wenn sie ein Buch noch am selben Tag kaufen oder umtauschen wollen. Es bleibt abzuwarten, ob aus dieser zusätzlichen Möglichkeit ein sinnvoller Wettbewerbsvorteil erwächst.

*Office Depot* versucht derzeit, die Offline- und Online-Abläufe in ein Netzwerk zu integrieren, um den Kunden ihre Einkäufe so leicht und bequem wie möglich zu machen. *OfficeDepot.com* bietet umfassende Informationen über die Merkmale und Preise der Produkte. Die Käufer müssen die Produkte nur anklicken und nehmen schon am nächsten Tag die Lieferung in Empfang – gebührenfrei. Sie können aber auch auf der Website nachsehen, ob ihre Bestellung im nächstgelegenen *Office-Depot-Superstore* zur Abholung bereitsteht. Auf diese Weise könnte die Website sogar dazu beitragen, den Kundenverkehr in den Filialen von *Office Depot* zu erhöhen.[10]

## Abkehr vom Internethandel

Viele Unternehmen fürchten, mit einer zu starken Internetpräsenz ihre verschiedenen Vertriebspartner zu vergraulen, und beschließen deshalb, auf ihren Websites nur Informationen anzubieten, aber keinen E-Commerce zu betreiben. Sie führen ihre Geschäfte weiter wie bisher und versuchen gezielt, die Einkaufserfahrungen ihrer Kunden in den Filialen zu verbessern. Der Sportartikelhändler *REI* etwa hat eine Kletterwand aufbauen lassen, damit die Kunden ihre Kletterausrüstung vor dem Kauf ausprobieren können. Die *Gore-Tex*-Jacken können sogar unter einem simulierten Regenguss getestet werden. Bei *Bass Pro Shops* können Angler ihre Angel in einen Testpool auswerfen.

## Abkehr vom stationären Handel

Es kommt auch vor, dass die Internetgeschäfte eines bislang auch in der Offline-Welt vertretenen Unternehmens so gut laufen, dass es beschließt, sich nur noch im Internet zu bewegen. So war es etwa bei *Egghead Software*. Die Firma stellte fest, dass der Online-Vertrieb viel gewinnträchtiger war und schloss ihre Filialen. Vor kurzem erklärte sich *Egghead Software* allerdings zahlungsunfähig und ist nun weder in der realen noch in der digitalen Welt mehr vertreten.

# Das Zögern vor dem Schritt ins Internet

Vor allem die schon lange etablierten Firmen haben Vorbehalte gegen den E-Commerce, weil sie fürchten, die Beziehungen zu ihren Händlern aufs Spiel zu setzen und schon getätigte Investitionen zu gefährden. Sie unterschätzen oft die Newcomer und beschließen, erst einmal abzuwarten. Dieses Zögern ist jedoch sehr kurzsichtig. Das E-Business hat an Fahrt gewonnen, und je länger die etablierten Firmen jetzt noch zögern, auf den Zug aufzuspringen, desto ungünstiger wird ihre Position im Kampf um Marktanteile im Internet werden. Alex Birch brachte es auf den Punkt: »Es könnte sein, dass Sie im Internet auf die Nase fallen – aber wenn Sie draußen bleiben, haben Sie von vornherein verloren.«[11]

Die fehlende Bereitschaft, sich von einem überholten Geschäftskonzept zu lösen, führt häufig direkt in die Pleite. Topmanager, die keine neuen Visionen und Strategien entwickeln, sind auch nicht darauf vorbereitet, den Sprung in die virtuelle Welt zu meistern. Peter Drucker meinte: »Es ist billiger und profitabler, sich selbst überflüssig zu machen als darauf zu warten, dass die Konkurrenz dies für Sie erledigt.«[12]

In der heutigen Wirtschaft ist es nicht nur schwieriger geworden, Wettbewerbsvorteile zu erlangen, sondern auch, sie zu verteidigen. Vor diesem Hintergrund sind Internetinitiativen eine notwendige, aber längst nicht ausreichende Voraussetzung dafür, im Wettbewerb zu bestehen. Da viele Geschäftskonzepte leicht nachzuahmen sind, müssen die Unternehmen ständig neue Chancen suchen, anstatt sich zu lange an alte Methoden zu klammern. Unternehmen, die bereit sind, die notwendigen Veränderungen schnell umzusetzen, werden sich klare Vorteile sichern.

## Fragen an Ihr Unternehmen

- Hat Ihr Unternehmen genug getan, um seine Markteinführungszeiten zu beschleunigen? Wenn nicht, warum nicht? Welche Maßnahmen würden Sie vorschlagen?
- Wie könnte man den Order-to-Delivery-Prozess Ihres Unternehmens straffen?
- Sollte Ihr Unternehmen auch E-Commerce betreiben und seine Produkte im Internet verkaufen? Wie kann es dann die Geschäftsbeziehungen mit seinen Händlern fortsetzen?

# 9. Wachstum und Gewinne durch Markterneuerung

In der digitalen Wirtschaft entstehen immer wieder neue Gelegenheiten, um Gewinnquellen zu erschließen und das Unternehmenswachstum voranzutreiben. Um diese Chancen wahrzunehmen, müssen Unternehmen zum einen ihre Nutzenangebote so gut wie möglich positionieren und die richtigen Einnahmenmodelle einsetzen, zum anderen müssen sie ihre Organisation ständig erneuern, um mit der Entwicklung der Technologien und Märkte Schritt zu halten.

## Das richtige Einnahmenmodell

Jedes Unternehmen muss das jeweils richtige Einnahmenmodell finden, um die Kosten für den Websitebetrieb decken und Gewinne erwirtschaften zu können. Die Einnahmen können aus unterschiedlichen Quellen stammen: aus Werbung, Sponsorenschaften, Allianzen, Mitgliedschaften und Abonnements, aus Kundenprofilen, Geschäftstransaktionen, dem Verkauf von Informationen,

Kundenvermittlungen und vielen anderen. Auf einige dieser Quellen gehen wir in diesem Kapitel näher ein.

## Werbeeinnahmen

Banner- und andere Werbeanzeigen stellen eine wichtige Einnahmenquelle auf Websites dar. *Buy.com* etwa verdient mit der Bannerwerbung so gut, dass es seine Produkte zum Selbstkostenpreis verkaufen kann. Als das Internet noch ein neues Phänomen war, klickten die Surfer etwa 2 Prozent der Werbeanzeigen an. Die Click-Through-Rate mag zwar auf bestimmten Sites immer noch hoch sein, weil sich die Besucher für verwandte Sites oder Produkte interessieren. So klicken etwa Frauen, die *iVillage* besuchen, häufig auf Werbebanner von Kosmetikfirmen. Aber im Durchschnitt sind die Click-Through-Raten mittlerweile auf 0,5 Prozent gesunken: Ein Surfer ignoriert also 199 Werbebanner, bis er eines anklickt. Entsprechend sinken die Preise für diese Form der Werbung, sodass die von der Bannerwerbung abhängigen Websites neue Einnahmenquellen finden müssen. Einige Banneranzeigen werden nicht bezahlt, sondern auf Basis der Gegenseitigkeit platziert.

## Einnahmen aus Sponsorenschaften

Eine Sponsorenschaft stellt ein wirkungsvolles Marketingtool dar, weil sich viele Websites auf bestimmte Interessens- und Aktivitätenbereiche konzentrieren. Unternehmen wie *IBM, Sun Microsystems* und *Oracle* treten auf bestimmten Sites als Sponsoren auf, um ihre

Markenidentität zu festigen. So gibt es für etwa 40 Prozent der Inhalte bei *iVillage* Sponsoren. Viele Firmen bemühen sich sehr darum, Sponsoren zu gewinnen, weil diese ihre Sites mit neuen Funktionen und Inhalten beleben, für die sie sonst viel Geld bezahlen müssten.[1]

## Einnahmen aus Allianzen

Unternehmen können sich auch Partner suchen, die sich an den Kosten einer Websiteentwicklung beteiligen. Im Gegenzug betreiben sie dann auf dieser Site Werbung für ihre Partner. Die Partner einer solchen Allianz sind vielleicht auch an einem Co-Branding-Modell interessiert, um die hohen Kosten des Markenaufbaus in Grenzen zu halten. Ein neues Unternehmen könnte etwa die Kosten für den Aufbau seiner Marke reduzieren, indem es sich auf einen etablierten Markennamen stützt: »Sammeln Sie mit Ihrer *Citibank-Visa*-Karte Meilen bei *American Airlines*!«[2]

## Einnahmen aus Mitgliedschaften und Abonnements

Mitgliedsgebühren können auf verschiedene Weise berechnet werden. So kann ein Unternehmen feste Abonnements anbieten, um Kunden den Zugang zu weiteren Diensten zu ermöglichen, oder es kann Gebühren für einzelne Nutzungsvorgänge oder Dienstleistungen erheben. *Disney* war im Ausland mit der Kindercommunity *Disney's Blast* erfolgreich. Die Internetfirma *Autobytel* bietet Autohändlern Abonnements für ihre Dienstleistungen an.[3] Viele Online-

Zeitschriften (etwa das *Wall Street Journal* und die *Financial Times*) stellen ihre Online-Dienste nur gegen Abonnements zur Verfügung und bieten dafür hochwertige Inhalte.

## Einnahmen aus Kundenprofilen

Eine Internetfirma, die Kundenprofile bestimmter Zielgruppen erstellt hat, kann damit unter Umständen viel Geld verdienen. Viele Unternehmen bezahlen einen hohen Preis für derartige Informationen. Eine Community, die über Namen, Anschriften und weitere Angaben von 1 000 Mitgliedern verfügt, die Interesse an einer neuen Küche gezeigt haben und nichts gegen die Weitergabe ihrer Daten einzuwenden haben, könnte etwa mit einem Küchenhersteller ins Geschäft kommen.[4]

Der eigentliche Wert einer Community liegt oft in den Kundenprofilen, die im Lauf der Zeit erstellt werden, unabhängig davon, ob das Unternehmen selbst die Community einrichtet oder sich nur als Allianzpartner daran beteiligt.[5] *America Online* etablierte sich als Marke und gewann in wenigen Jahren über 16 Millionen Teilnehmer, indem es Freistunden im Internet verschenkte. Heute kann *AOL* den Werbetreibenden ein größeres Publikum anbieten als jede andere Site.[6] *Netscape* hat in weniger als zwei Jahren ein ganzes Unternehmen aufgebaut, indem es sein Produkt verschenkte: Der *Netscape*-Browser war zum Standard geworden, weil er gratis im Internet zur Verfügung stand, während das Unternehmen seine Einnahmen im Serverbereich verdiente.[7]

Gleichzeitig muss jedoch darauf hingewiesen werden, dass ein ungeschriebenes Gesetz des Internets lautet, persönliche Daten nicht unkontrolliert zu verkaufen oder zu missbrauchen.

## Einnahmen aus Geschäftstransaktionen

E-Commerce-Anbieter beziehen ihre Einnahmen daraus, dass sie Waren verkaufen oder Provisionen für Transaktionen mit anderen Parteien erhalten. So stellt *eBay* den Kontakt zwischen Käufern und Verkäufern her und erhält für daraus resultierende Abschlüsse eine Provision von 1,25 bis 5 Prozent.[8] *Booksamillion.com* wiederum lebt von der Gewinnspanne beim Verkauf von Büchern.

## Einnahmen aus dem Verkauf von Informationen

Unternehmen können auch bestimmte Arten von Informationen verkaufen. So können die Kunden von *NewsLibrary* Artikel aus U. S.-Zeitschriftenarchiven kaufen, nachdem sie die ersten Zeilen gratis gelesen haben.[9] *LifeQuote* vergleicht die Preise von etwa 50 verschiedenen Lebensversicherungsgesellschaften. Fast 17 Prozent der Nutzer werden zahlende Kunden, gegenüber einer Konversionsrate von 1 bis 2 Prozent bei der Direktwerbung. *LifeQuote* erhält eine Provision, die 50 Prozent der Prämie des ersten Jahres beträgt.[10]

## Einnahmen aus Kundenvermittlungen

Unternehmen können Geld verdienen, indem sie sich gegenseitig Kunden vermitteln. *Edmunds.com* erhält eine Gebühr für jeden Kunden, der auf der Website des Unternehmens ein *Autobytel*-Formular ausfüllt.[11] *PeoplePC* vermittelt seine Mitglieder an Hunderte von Händlern, die den *PeoplePC*-Mitgliedern wiederum Rabatte anbieten.[12]

## Weitere Beispiele

Innerhalb eines Sektors nutzen die Webkonkurrenten häufig verschiedene Einnahmenmodelle, wie etwa *mySimon* und *SONY* in der Verbraucherelektronik. Auf der Website von *mySimon* können die Verbraucher Elektronikprodukte auswählen, nach vordefinierten Merkmalen suchen und dann die Preise und Modelle vergleichen. *mySimon* verkauft die Artikel jedoch nicht selbst, sondern leitet die Interessenten an Händler weiter, welche die ausgewählten Marken und Modelle anbieten. Die Website von *SONY* bietet den Verbrauchern dieselben Möglichkeiten wie *mySimon*, jedoch beschränkt sich die Auswahl auf ausgewählte SONY-Geräte. Außerdem können die Verbraucher ihre Produkte online bestellen. Während *mySimon* also ein Infomediär ist, tritt *SONY* als Internethändler auf.[13]

Durch das Verschenken von Produkten und Dienstleistungen, etwa von Settop-Boxen, bestimmten Informationen oder einem Internetzugang, können Startup-Unternehmen ihren Markteintritt erfolgreich gestalten. Ihr Ziel dabei lautet, so bald wie möglich einen Branchenstandard zu etablieren und die Zutrittsbarriere für Nachahmer zu erhöhen, indem sie möglichst viele Kunden frühzeitig an sich binden. Das metcalfesche Gesetz wirkt sich hier sehr zum Vorteil ehrgeiziger Unternehmen mit gut gefüllten Kassen aus. In Branchen, in denen ein anerkannter Standard fehlt, wie etwa bei Webbrowsern, wird es von entscheidender Bedeutung sein, diesen Effekt auszunutzen.[14]

Einige Unternehmen, die kostenpflichtige E-Mail-Dienste anbieten (etwa *Prodigy*), wurden schon fast von Gratisanbietern (wie *Geocities*) verdrängt. Möglich ist dies, weil die potenziellen Einnahmen aus der Werbung höher sein können als die Einnahmen aus dem gewöhnlichen Providergeschäft.[15]

Anleger bewerten die Unternehmensleistung im Sinne des Ertrages und der Kosten. Das Verhältnis von Marktwert und Umsatz stellt einen Schlüsselindikator dafür dar, wie die Anleger die Position des Unternehmens in seiner Branche bewerten. Weitere Indikatoren sind der Umsatz pro Kunde, die Kundenrentabilität, die Aktienkursentwicklung und das Umsatzwachstum.[16]

# Vor der Markterneuerung steht die organisatorische Erneuerung

In der Vergangenheit erreichten die Unternehmen ihre Umsatz- und Gewinnziele, indem sie Regeln, Abläufe und Kontrollen festlegten. Heutzutage sind den Unternehmen starre Regeln und eine formelle Koordination der Arbeit nicht mehr so wichtig. Der Schwerpunkt liegt nun darauf, Werte für die Kunden zu erkennen, zu entwickeln und anzubieten. In vielen Unternehmen sind Verhaltensnormen schon wichtiger geworden als formelle Regelwerke.

In der digitalen Wirtschaft wird dem Output mehr Aufmerksamkeit als dem Input geschenkt: Die Unternehmen definieren lieber das geforderte Ergebnis als die Methoden, wie es zu erreichen ist. Im harten Wettbewerb, wie er heute vorherrscht, kommt es entscheidend auf die Markterneuerung an. Heute erwarten immer mehr Unternehmen von ihren Mitarbeitern geistige Flexibilität, Innovationsbereitschaft, die Fähigkeit, sich von gewohnten Denkweisen zu lösen und ergebnisorientiert zu arbeiten. Der Dreh- und Angelpunkt ihrer Beziehung ist der Wert, den beide Seiten gemeinsam schaffen. Viele Unternehmen bilden ad-hoc Projektteams und nutzen andere Formen vorübergehender Arbeitsverhältnisse, die nach Bedarf begründet werden. Während die Dimensionen der Zeit und des Raumes an Bedeutung verlieren, werden Engagement und Loyalität umso wichtiger. Beschäftigte müssen nicht mehr zwangsläufig im Unternehmen selbst oder innerhalb fester Arbeitszeiten, etwa von 8 Uhr bis 17 Uhr, arbeiten. Wichtig ist vielmehr, dass sie bestimmte Leistungen erbringen und sich dabei in Übereinstimmung mit der Strategie, den Werten und der Kultur des Unternehmens befinden.

Um die vielfältigen Geschäftschancen der digitalen Wirtschaft nutzen zu können, müssen sich Unternehmen erneuern. Dazu gibt es drei Möglichkeiten: Sie gründen eine separate Organisation, sie integrieren das E-Business in vorhandene Strukturen, oder sie organisieren sich von Grund auf neu.

Hinter der Gründung eines separaten Geschäftsbereichs oder Tochterunternehmens steht die Absicht, der Kreativität der Mitarbeiter möglichst freien Lauf zu lassen, wenn sie neue Chancen suchen und ihre Erfolgsaussichten bewerten. Gleichzeitig besteht jedoch die Möglichkeit, dass das separate Geschäft das vorhandene kannibalisiert. Der britische Finanzdienstleister *Prudential* gründete im Jahr 1998 den Ableger *Egg*. Dieses Online-Unternehmen hat eigene Beschäftigte und ein eigenes Zielsegment, das nicht zum traditionellen Kundenstamm von *Prudential* passt: junge, für neue Technologien aufgeschlossene Kunden. Um Neukunden anzuziehen, bietet *Egg* Sparkonten an, die zunächst ein Verlustgeschäft sind. Da *Egg* völlig unabhängig ist, nimmt *Prudential* eher die Rolle eines Wagniskapitalisten denn die einer Muttergesellschaft ein.

Wird dagegen das Unternehmen von Grund auf neu organisiert und das E-Business im gesamten Unternehmen eingeführt, werden Informationen und Fähigkeiten in allen Bereichen und Abteilungen vernetzt. *E-Schwab* ist ein gutes Beispiel dafür. Charles Schwab entschied sich im Jahr 1998 dafür, das Online-Modell zum Kerngeschäft zu machen. Die Kostenstruktur wurde von Grund auf erneuert, auch wenn dies zunächst Mindereinnahmen und sinkende Aktienkurse zur Folge hatte. Die Entscheidung zur Erneuerung erforderte eine visionäre, risikobereite Unternehmensführung und zahlte sich aus: Das Unternehmen ging gestärkt aus dem Umbruch hervor.

Ein Mittelweg besteht darin, das E-Business in vorhandene Strukturen zu integrieren. So gründete die *Advanced Development Group* in der *Citibank* im Jahr 1998 *e-Citi*. Die zentralen Back-Office-Systeme wurden aufgegeben und durch Standardlösungen ersetzt. *e-Citi* ist völlig unabhängig, nutzt aber gleichzeitig die Infrastruktur der *Citibank*.

## Weitere Gedanken zur Frage der Integration oder Ausgliederung

Ein Unternehmen, das ins Internetgeschäft einsteigen will, muss entscheiden, ob es seine Online-Aktivitäten völlig getrennt von den Offline-Aktivitäten betreibt oder beides integriert. Trotz der offensichtlichen Vorteile einer Integration – bei der Werbung, bei der gemeinsamen Nutzung von Informationen oder beim Einkauf und Vertrieb – gehen heutzutage viele Manager davon aus, dass nur eine getrennte Organisation einen erfolgreichen Start ins digitale Business ermögliche. Sie glauben, dass die Synergieeffekte ohnehin nur gering sind, weil es sich um völlig unterschiedliche Geschäftsarten handelt, für die man unterschiedliche Wettbewerbsvorteile benötigt. So sind der Standort oder die Ladengestaltung im Internet weitgehend irrelevant, oft werden unterschiedliche Zielgruppen angesprochen, die Breite des im Internet angebotenen Sortiments muss maximiert werden, und es sind unterschiedliche Logistiksysteme erforderlich.[17]

Dennoch handelt es sich nicht um eine Entweder-oder-Entscheidung. Die Vorteile der Integration sind zu groß, als dass man darauf verzichten könnte. Der Schlüssel zum Erfolg liegt darin, das optimale Maß an Integration zu finden. Ein Unternehmen muss untersuchen, welche Aspekte es vor dem Hintergrund der jeweiligen Markt- und Konkurrenzsituation integrieren oder abtrennen sollte und darauf seine Strategie aufbauen.

Ranjay Gulati und Jason Garino haben sich mit der Frage beschäftigt, inwieweit die folgenden vier Dimensionen – Marke, Management, Abläufe und Kapital – integriert werden sollten.[18]

- Die Übertragung einer Marke ins Internet stärkt die Glaubwürdigkeit einer Site, könnte jedoch auch die Flexibilität des Unternehmens einschränken. Die einheitliche Markennutzung führt vielleicht dazu, dass einem ähnlichen Publikum ähnliche Produkte und Preise angeboten werden. Dadurch verliert das Unternehmen die Flexibilität, andere Kundensegmente mit anderen Bedürfnissen oder einem anderen Preisbewusstsein anzusprechen.
- Entscheidet man sich für eine gemeinsame Geschäftsleitung, werden strategische Ziele, Synergieeffekte und gemeinsames Wissen gefördert. Bei einer Trennung des Managements kann sich der Geschäftsbereich besser an die Umgebung anpassen, da ein innovationsfreundliches Umfeld entsteht und die Teams sich gezielter auf ihr Geschäftskonzept konzentrieren können.
- Die Integration der Abläufe kann dazu führen, dass weniger Investitionen getätigt werden müssen, die Sites über mehr Inhalte verfügen und ein Wettbewerbsvorteil gegenüber den reinen Internetfirmen entsteht. Werden sie dagegen getrennt, kann das Unternehmen völlig neue, kundenangepasste Systeme aufbauen und auf das Internet abgestimmte Vertriebsfunktionen entwickeln. Die

Entscheidung über die Integration oder Trennung der Abläufe sollte darauf basieren, wie stark die vorhandene Infrastruktur des Unternehmens (etwa Vertriebs- und Informationssysteme) ist und inwieweit sie überhaupt ins Internet übertragen werden kann.

- Bei einer Integration des E-Business profitiert die Muttergesellschaft in vollem Umfang von allen Vorteilen dieses Geschäftes. Andererseits sind unabhängige Tochterunternehmen flexibler, wenn sie Partnerschaften mit anderen Unternehmen eingehen wollen, sie haben Zugang zu Fremdkapital und sind oft für talentierte Arbeits- und Führungskräfte sehr attraktiv. Die Schlüsselfrage lautet, wie sich die Entscheidung auf das Gesamtunternehmen auswirkt.

Unternehmen sollten versuchen, sich vom Entweder-Oder-Denken zu befreien. Gulati und Garino empfehlen, sich die Vorteile beider Varianten so weit wie möglich zunutze zu machen: Einerseits sollten Unternehmen die Freiheit, Flexibilität und Kreativität anstreben, die mit einer getrennten Organisation einhergehen, und andererseits sollten sie sich die Vorteile im Hinblick auf Abläufe, Marketing und Informationsnutzung sichern, die sich aus der Integration ergeben.[19]

## »Entrepreneurship« oder »Intrepreneurship«

Unternehmen durchlaufen in ihrer Entwicklung drei Marketingstadien. Die meisten Firmen werden von Einzelpersonen gegründet, die eine Idee verwirklichen wollen. Ihr Marketing ist von frischem, unverbrauchtem Unternehmergeist – Entrepreneurship – durchdrungen. Sie versuchen, Unterstützung für ihre Vorhaben zu finden und klopfen dazu an jede Tür. Ihre finanziellen Mittel für die Vertriebsorganisation, Werbung oder Marktforschung sind jedoch begrenzt.

Setzt sich die Idee durch und ist das Unternehmen erfolgreich, verläuft die Entwicklung unweigerlich in Richtung eines eher konventionellen Marketing. Nun grübeln Marketingexperten über die neuesten *Nielsen*-Zahlen, perfektionieren die Händlerbeziehungen, formulieren Werbebotschaften und planen Absatzfördermaßnahmen. Über die Jahre hinweg bleiben ihre Marketingbudgets relativ konstant. Ihre Bürokratie und ihre Weisungskultur machen die Unternehmen jedoch gegenüber den Konkurrenten zunehmend verwundbar. Sie haben die Kreativität und die Leidenschaft verloren, die ihr Guerilla-Marketing im »Entrepreneurial«-Stadium so erfolgreich gemacht haben.

Um dieser Entwicklung entgegenzusteuern, muss das Unternehmen ein drittes Stadium – das Stadium der Intrepreneurship – durchlaufen, in welchem es den alten Pioniergeist zu neuem Leben erweckt. Es fängt wieder an, mit den Kunden zu leben und sich neue Wege vorzustellen, wie es ihr Leben verbessern könnte. In diesem Stadium löst es sich von den Problemen des Alltagsgeschäftes und richtet den Blick auf die großen Marktchancen. Es wird wachsam, anpassungsbereit und reaktionsfähig. Es wagt wieder den Sprung ins Ungewisse.[20]

In der New Economy besteht ein ständiges Spannungsfeld zwischen der konventionellen und der kreativen Seite des Marketing. Jack Welch meinte einmal, jeder Arbeitsplatz müsse den jeweiligen Beschäftigten voll und ganz fordern. Unternehmensstrategien müssen zwar gut durchdacht und eindeutig formuliert sein, in ihrer Umsetzung aber auch individuelle Gestaltungsfreiheit ermöglichen.

*FedEx* ist ein gutes Beispiel für eine solche Mischung. Der Erfolg von *FedEx* wird der Philosophie »Menschen-Service-Gewinn« zugeschrieben. *FedEx* stellt qualifizierte Mitarbeiter ein und bietet ihnen dann die modernsten Instrumente, Schulungen, Anreizsysteme und Karrierewege, um ihre Motivation, ihre Werte und ihr Leistungspotenzial zur Entfaltung zu bringen. *FedEx* fördert auch den Unternehmergeist, indem es den Kauf von Unternehmensaktien durch die Mitarbeiter fördert. Jeder *FedEx*-Mitarbeiter wird dazu angehalten, Beziehungen zu den Kunden aufzubauen, ihre Bedürfnisse vorauszuahnen und die notwendigen Schritte zu ergreifen, um »100 Prozent pünktliche Lieferung, 100 Prozent genaue Informationen und 100 Prozent sofortige Kundenzufriedenheit« zu erreichen.[21]

## Funktionen oder Aktiuitäten

Getrennte und spezialisierte Organisationsformen und Aufgaben waren kennzeichnend für das Industriezeitalter. Die Forschungs- und Entwicklungsabteilung war für neue Produkte zuständig, die Marketingabteilung für die Markenführung. Nicht jede erfolgreiche Marke ist das beste Produkt seiner Kategorie, und viele hervorragende Produkte haben nicht den Erfolg, den sie verdienen, weil zu wenig in ihre Markenentwicklung investiert wird. Heute spielt die Forschungs- und Entwicklungsabteilung eine zunehmend wichtigere Rolle beim Aufbau einer Marke, während die Grenzen zum Marketing immer mehr verschwimmen.[22]

Viele Unternehmen erkennen mittlerweile, dass Marketing und Vertrieb zumindest aus organisatorischer Sicht zwei zusammenhängende Aktivitäten sind, mit denen einheitliche Ziele verfolgt werden, nämlich die Schaffung von Kundenwert, die Bindung von Kunden und die Maximierung der Kundenprofitabilität. Die Marketing- und die Vertriebsmitarbeiter stellen fest, dass sie unter dem gemeinsamen

Dach des Kundenmanagements zusammen arbeiten. Die Integration von Marketing und Vertrieb führt dazu, dass die Budgets transparenter werden und die Rendite für einzelne Investitionen, Kampagnen und Kunden genauer berechnet werden kann.

# Schlussfolgerung

In der Weltwirtschaft finden radikale Veränderungen statt, ausgelöst durch neue Technologien, die Globalisierung und den scharfen Wettbewerb. Manche Beobachter sprechen vom Übergang von der Old Economy zur New Economy. Aber weder ist die alte Wirtschaft verschwunden noch hat sich die neue Wirtschaft als die dominierende durchgesetzt. Die New Economy existiert zwar, aber sie ist ganz unterschiedlich auf verschiedene Unternehmen, Branchen und Länder verteilt.

Die Old Economy basiert auf dem Produktionsmodell der industriellen Revolution: Entscheidend sind eine möglichst weitgehende Standardisierung der Waren, Größenvorteile, Effizienz und eine Weisungskultur. Dagegen ist die New Economy aus der Informationsrevolution und ihren Fortschritten in der Datenverarbeitung, Digitalisierung und Telekommunikation entstanden. Unternehmen und Einzelne können Atome – Text, Daten, Ton und Grafik – in Bits verwandeln, diese mit Lichtgeschwindigkeit um die ganze Welt schicken und gleichzeitig enorme Effizienzgewinne erreichen. Die Unternehmen können diese Datenströme manipulieren, um den Wert für die Kunden durch die Individualisierung und Personalisierung des Angebots, eine höhere Geschwindigkeit und mehr Wertetransparenz zu steigern.

Leider verwechseln viele Menschen die New Economy mit den Dot.com-Firmen der neunziger Jahre und ihren hochfliegenden Plänen. Die Börsenwerte von Startups wie *Yahoo!* waren gewiss beeindruckend. *Yahoo!* hatte zeitweise einen höheren Börsenwert als *Boeing*.[23] Als zahlreiche überfinanzierte Dot.com-Firmen, die keine Leistungen und schon gar keine Gewinne vorweisen konnten, Mitte 2000 zusammenbrachen, glaubten viele, dies bedeute das Ende der New Economy.

Aber die New Economy besteht nicht nur aus Dot.com-Unternehmen, sondern sie basiert auf einem grundsätzlichen Phänomen, nämlich der Netzwerkwirtschaft. Heute können Unternehmen besser denn je zuvor untereinander und mit ihren Endkunden kommunizieren und interagieren. Sie können Mitteilungen, Aufträge und Zahlungen elektronisch erledigen und dabei noch viel Geld sparen. Sie können einen Dialog mit ihren Kunden einleiten, mehr über jeden einzelnen Kunden erfahren und ihre Angebote, Dienstleistungen und Botschaften entsprechend anpassen. Schließlich können sie mit Kunden und Lieferanten auf der ganzen Welt zusammen arbeiten und sind nicht mehr durch die Gegebenheiten ihres Standortes eingeschränkt.

Die Botschaft lautet deshalb, dass Unternehmen ihre Strategien, Vertriebsmodelle, Richtlinien, Abläufe und Organisationsformen überprüfen müssen, wenn sie die Chancen der Netzwerkwirtschaft nutzen wollen. Neue Geschäftsstrategien verlangen neue Marketingstrategien und -methoden. Die Aufgaben des Marketing sind nicht mehr auf die »vier P« beschränkt oder darauf, die Segmentierung, die Zielgruppen und die Positionierung festzulegen. Vielmehr kommt es in der New Economy auf vier Aktivitäten an:

1. Neue Marktchancen identifizieren.
2. Chancen bewerten und die besten herausfiltern.
3. Nutzenversprechen und Marktangebote formulieren, mit denen die Bedürfnisse der Zielmärkte am besten erfüllt werden können.
4. Eine Wertkette entwickeln, mit der das Nutzenversprechen am besten eingelöst werden kann.

Um Erfolg zu haben, müssen Unternehmen lernen, wie sie neue Werte erkennen, entwickeln und anbieten können. Sie müssen ein kognitives Verständnis ihrer Kunden entwickeln, branchenspezifische Kernkompetenzen aufbauen und Partnerschaften eingehen, die weitere entscheidende Kompetenzen einbringen. Erst eine solche ganzheitliche Marketingphilosophie versetzt ein Unternehmen in die Lage, überlegene Marktangebote zu entwickeln.

Wollen die Unternehmen die Vorteile des ganzheitlichen Marketing voll ausschöpfen, müssen sie ihre wichtigen Geschäftsfunktionen und Prozesse digitalisieren. Bill Gates spricht vom digitalen Nervensystem seines Konzerns. Bei *Microsoft* können die Mitarbeiter und Geschäftspartner weltweit auf ihren Bildschirmen auf benötigte Dokumente und Nachrichten zugreifen. Wir schätzen, dass die Abläufe bei *Microsoft* zu 50 Prozent digitalisiert sind. Auch andere sehr erfolgreiche Unternehmen – *Dell*, *Cisco*, *Schwab* oder *Cemex* – sind hochgradig digitalisiert. Aber bei den meisten Unternehmen dürfte der Grad der Digitalisierung noch bei unter 10 Prozent liegen.

Adrian Slywotzky und David Morrison weisen nach, dass hoch digitalisierte Unternehmen weit höhere Umsätze und Gewinne als ihre Konkurrenten erzielen.[24] So erklärt *Oracle*, durch sein digitales Geschäftskonzept eine Milliarde Dollar eingespart zu haben. Aber digitalisierte Unternehmen sparen nicht nur Kosten, sondern lernen ihre Kunden auch viel besser kennen. Sie entwickeln eine lernende

Beziehung zu ihnen, indem sie Daten über sie erheben und auswerten. Auf diese Weise sind sie besser in der Lage, Kundenbedürfnisse zu erspüren und diesen weitere geeignete Produkte zu empfehlen. *Amazon.com* schlägt seinen Kunden Bücher vor, die für sie von Interesse sein könnten. Und *Dell* weiß, wann es seinen Kunden Angebote für Aufrüstungen schicken muss. *Dell* betrachtet seine Kunden als »Prosumenten«, nicht als Konsumenten.

In diesem Sinn hat sich im Marketing seit der Make-and-Sell-Ära viel getan. Die Unternehmen der Old Economy gehen noch immer von einem Denken aus, an dessen Anfang das Kapital steht:

$$\rightarrow \text{Kapital} \rightarrow \text{Input} \rightarrow \text{Angebot} \rightarrow \text{Vertriebswege} \rightarrow \text{Kunden}$$

In der Automobilindustrie ist dieses Denken noch vorherrschend. Besitzt ein Autohersteller das Kapital und die Kapazitäten für die Herstellung von einer Million Fahrzeugen, wird diese Zahl produziert, und das Marketing erhält die Aufgabe übertragen, eine Million Autos zu verkaufen. Das katastrophale Ergebnis sieht so aus, dass viele Autos 70 Tage auf dem Gelände der Händler herumstehen. Um sie loszuwerden, müssen die Hersteller ihre Kunden mit teuren Rabatten und Anreizen locken. Außerdem belaufen sich die Werbe- und Absatzkosten des Autoherstellers auf etwa 10 Prozent des Kaufpreises. Die Verbraucher müssen also beim Kauf eines Fahrzeuges für 20 000 Dollar etwa 2 000 Dollar bezahlen, damit der Hersteller seine Absatzkosten decken kann.

Intelligente Unternehmen kehren dieses Denken heutzutage um und nehmen den Kunden als Ausgangspunkt:

$$\text{Kunden} \rightarrow \text{Vertriebswege} \rightarrow \text{Angebot} \rightarrow \text{Input} \rightarrow \text{Kapital}$$

Wenn die Autohersteller ihr Geschäftsmodell demjenigen von *Dell* anglichen, würden die Fahrzeuge nicht mehr 70 Tage beim Händler herumstehen, und die Kunden müssten auch keinen Aufschlag von 10 Prozent mehr bezahlen, um die hohen Vertriebskosten des Herstellers zu decken. Dies ist der springende Punkt: Die Unternehmen müssen umdenken und die Kundenorientierung als Ausgangspunkt betrachten. Nur dann können sie alles Notwendige über ihre Kunden erfahren und maßgeschneiderte Produkte, Dienstleistungen, Lösungen und Botschaften entwickeln.

## Fragen an Ihr Unternehmen

* Welche Maßnahmen sollte Ihr Unternehmen ergreifen, um das E-Business und den E-Commerce in seine Abläufe einzubinden? Sollte es das E-Business in die vorhandenen Abläufe integrieren, eine Tochtergesellschaft dafür gründen, einen möglichen Börsengang ins Auge fassen oder ein Joint-Venture planen?
* Welche Einnahmequellen hat Ihr Unternehmen, und wo setzt es seine Mittel hauptsächlich ein? Welche finanziellen Auswirkungen sind zu erwarten, wenn Ihr Unternehmen beschließt, E-Business-Initiativen durchzuführen oder auszuweiten?
* Welche Marketing-Scorecards sollten neben den Methoden zur Beschreibung der Finanzlage entwickelt werden, um die Effektivität des Marketing zu messen?
* Wie kann Ihr Unternehmen messen, inwieweit die vier Werttreiber – Marktangebote, Marktaktivitäten, Geschäftsarchitekturen und operative Systeme – zu den Umsatz- und Gewinnströmen beitragen?
* In welchem Verhältnis stehen Umsatz und Gewinne zum Aktienkurs Ihres Unternehmens?

# Danksagung

Viele Unternehmen und Menschen haben uns geholfen, die Rolle des Marketing in der New Economy zu untersuchen. Wir haben uns mit den neuesten Geschäftsideen und -methoden der Branchenführer auseinandergesetzt und die neuesten Arbeiten über Kundenbeziehungsmarketing, Markenführung, integrierte Marketingkommunikation, Lieferkettenmanagement und die Schaffung von Mehrwerten gelesen. Im Verlauf dieser Beschäftigung haben sich unsere Ideen immer mehr herauskristallisiert, bis wir beschreiben konnten, wie das Marketing im einundzwanzigsten Jahrhundert aussehen sollte.

Wir danken all jenen, die uns dabei unterstützt haben, und wir danken auch den Marketingdozenten der Kellogg School of Management an der Northwestern University: James C. Anderson, Robert C. Blattberg, Bobby J. Calder, Gregory S. Carpenter, Alexander Chernev, Anne Coughlan, Dawn M. Iacobucci, Lakshman Krishnamurthi, Robert Kozinets, Angela Lee, Christie L. Nordhielm, Mohanbir S. Sawhney, John F. Sherry, Louis W. Sern, Brian Sternthal, Alice M. Tybout, Andris A. Zoltners. Wir haben im Lauf der Jahre zahlreiche Gespräche mit ihnen geführt, die uns geholfen haben, das vorliegende neue Marketingmodell zu entwickeln.

Wir danken auch den folgenden Personen für ihre Unterstützung: Tulikaa Khunnah und Siddhartha Singh, Ph. D.-Studenten am Kellogg School Marketing Department. Ein besonderer Dank geht auch an Kirsten Sandberg, Barbara Roth und Amanda Elkin von der Harvard Business School Press für ihre wertvollen Vorschläge und ihre Hilfe.

Schließlich danken wir unseren Familien für all ihre Unterstützung und ihre Ermutigung.

Philip Kotler
Dipak Jain
Suvit Maesincee

# Anmerkungen

## Kapitel 1

1 Lou Gerstner in seiner Rede bei der COMDEX' 95, Las Vegas, NV, 13. November 1995. Siehe <http://www.ibm.com/lvg/comdex.phtml>.

2 Siehe <http:/www/estorefrontsolutions.com/articles/thenet.asp?section=2.8>.

3 Zitiert in G. William Dauphinais, Grady Means und Colin Price: *Wisdom of the CEO: 29 Global Leaders Tackle Today's Most Pressing Challenges* (New York: John Wiley & Sons, 2000). Siehe <http://www.pwcglobal.com/Extweb/service.nsf/docid/346E77EB01E8E2DE85256894004 F61B5>.

4 Michael J. Mandel: »Commentary: You've Got the New Economy All Wrong, Mr. Gerstner« *Business Week* Online, 27. November 2000. Siehe <http.//www.businessweek.com/2000/00_48/b3709097.htm>.

5 Andrew Whinston, Manoy Parameswaran und Jan Stallaert: »Markets for Everything in the Networked Economy«, in: *Mastering Information Management,* Hrsg. Donald A. Marchand, Thomas H. Davenport und Tim Dickson (London: Financial Times/Prentice Hall, 2000), 211.

6 Siehe Ward Hanson: *Principles of Internet Marketing* (Cincinnati: South-Western College Publishing, 2000), 190–191.

7 Siehe Don Tapscott, Alex Lowy und David Ticoll, Hrsg.: *Blueprint to the Digital Economy: Creating Wealth in the Era of E-Business* (New York: McGraw-Hill, 1998), 37. Siehe auch Stephen P. Bradley und Richard L. Nolan: »Capturing Value in the Network Era«, in: *Sense and Respond:*

*Capturing Value in the Network Era,* Hrsg. Stephen P. Bradley und Richard L. Nolan (Boston: Harvard Business School Press, 1998), 5.

8  Robert Baldock: *Destination Z: The History of the Future* (New York: John Wiley & Sons, 1999), 15.

9  Siehe Kenichi Ohmae: »The Godzilla Companies of the New Economy«, *Strategy and Business* (2000): 130–139. Siehe auch Philipp Gerbert, Dirk Schneider und Alex Birch: *The Age of E-Tail: Conquering the New World of Electronic Shopping* (Oxford: Capstone Publishing, 2001), 47.

10  Kelvin Werbach: »Syndication: The Emerging Model for Business in the Internet Era«, *Harvard Business Review* 78, Nr. 3 (Mai-Juni 2000): 84–93.

11  Siehe <http://www.mgt.smsu.edu/mgt487/mgtissue/newstrat/metcalfe.htm>.

12  Zitiert in Gerbert, Schneider und Birch: *The Age of E-Tail,* 131.

13  Siehe Al Ries und Laura Ries: *The 11 Immutable Laws of Internet Branding* (New York: HarperBusiness, 2000). (Dt.: *Die 11 unumstößlichen Gebote des Internet-Branding.* München: Econ, 2001.)

14  Zitiert in Sandra Vandermerwe: *Customer Capitalism: Increasing Returns in New Market Spaces* (London: Nicholas Brealey, 1999), 259.

15  Weitere Einzelheiten siehe Jeremy Rifkin: *The Age of Access* (New York: Jeremy P. Tarcher/Putnam, 2000). (Dt.: *Access – Das Verschwinden des Eigentums.* Frankfurt/New York: Campus, 2000.)

16  Zitiert in Vandermerwe: *Customer Capitalism,* 259.

17  Zitiert in Don Tapscott, David Ticoll und Alex Lowy: *Digital Capital: Harnessing the Power of Business Webs* (Boston: Harvard Business School Press, 2000), 7–8. (Dt.: *Digital Capital. Von den erfolgreichsten Geschäftsmodellen profitieren.* Frankfurt/New York: Campus 2001, 19.)

18  Siehe John J. Sviokla: »Virtual Value and the Birth of Virtual Markets«, in *Sense & Respond,* Hrsg. Bradley und Nolan, 236. Siehe auch Amir Hartman und John Sifonis, mit John Kador: *Net Ready: Strategies for Success in the E-conomy* (New York: McGraw-Hill, 2000), 46. (Dt.: *net ready. Das Handbuch für Ihre erfolgreiche Onlinestrategie.* Frankfurt/New York: Campus, 2001, 85.)

19  Siehe Martha Rogers und Don Peppers: *The One-to-One Future: Building Relationships One Customer at a Time* (New York: Doubleday, 1993). (Dt.: *Die Eins-zu-Eins-Zukunft. Strategien für ein individuelles Kundenmarketing.* Freiburg: Haufe, 1994.)

20  Ibid., 50–51.

21 Tapscott, Ticoll und Lowy, *Digital Capital*, 109–110.

22 Ibid.

23 Martin V. Deise, Conrad Nowikow, Patrick Kind und Amy Wright: *Executive's Guide to E-Business: From Tactics to Strategy* (New York: John Wiley & Sons, 2000), 141–142.

24 In einem privaten Gespräch mit einem der Autoren.

25 Lester Wunderman: *Being Direct: Making Advertising Pay* (New York: Random House, 1997), 288.

26 Deise, Nowikow, Kind und Wright: *Executive's Guide to E-Business*, 17.

## Kapitel 2

1 Robert Plant und Leslie P. Willcocks: »Moving to the Net: Leadership Strategies«, in: *Mastering Information Management*, Hrsg. Donald A. Marchand, Thomas H. Davenport und Tim Dickson (London: Financial Times Prentice Hall, 2000), 220.

2 Siehe W. Chan Kim und Renée Mauborgne: »Creating New Market Space: A Systematic Approach to Value Innovation Can Help Companies Break Free from the Competitive Pack«, *Harvard Business Review* 77, Nr. 1 (Januar – Februar 1999), 83–93.

3 Martin Linstrom und Tim Frank Andersen: *Brand Building on the Internet* (London: Kogan Page, 2000), 49.

4 Siehe Kenichi Ohmae: »The Godzilla Companies of the New Ecnomy«, *Strategy and Business* (2000), 137.

5 Paul Timmers: *Electronic Commerce: Strategies and Models for Business-to-Business Trading* (New York: John Wiley & Sons, 2000), 26.

6 Soumitra Dutta: »Lessons from the Internet Leaders«, in: *Mastering Information Management*, Hrsg. Donald A. Marchand, Thomas H. Davenport und Tim Dickson (London: Financial Times Prentice Hall, 2000), 319.

7 Steven Wheeler und Evan Hirsh: *Channel Champions* (San Francisco: Jossey-Bass, 1999), 85.

8 N. Venkatraman und John C. Fenderson: »Business Platforms for the 21st Century«, in: *Mastering Information Management*, Hrsg. Marchand, Davenport und Dickson, 288.

9   David Bovet und Joseph Martha: *Value Nets: Breaking the Supply Chain to Unlock Hidden Profits* (New York: John Wiley & Sons, 2000), 94–95. (Dt.: *Value nets. Maßgeschneiderte Erfüllung von Kundenwünschen.* Landsberg: Moderne Industrie, 2001.)

10  Martin V. Deise, Conrad Nowikow, Patrick King und Amy Wright: *Executive's Guide to E-Business: From Tactics to Strategy* (New York: John Wiley & Sons, 2000), 7.

11  Zitiert in Emanuel Rosen: *The Anatomy of Buzz: Creating Word-of-Mouth Marketing* (London: HarperCollins Business, 2000), 6. (Dt.: *Net-Geflüster.* München: Econ, 2000).

12  Siehe Don Tapscott, David Ticoll und Alex Lowy: *Digital Capital: Harnessing the Power of Business Webs* (Boston: Harvard Business School Press, 2000), 91. (Dt.: *Digital Capital. Von den erfolgreichsten Geschäftsmodellen profitieren.* Frankfurt/New York: Campus, 2001, 122.) Siehe auch Don Tapscott, Alex Lowy und David Ticoll, Hrsg.: *Blueprint to the Digital Economy: Creating Wealth in the Era of E-Business* (New York: McGraw-Hill, 1998), 24.; und Wheeler und Hirsh, *Channel Champions*, 190.

13  Siehe John Hagel III und Arthur G. Armstrong: *Net Gain* (Boston: Harvard Business School Press, 1997). (Dt.: *Net Gain. Profit im Netz. Märkte erobern mit virtuellen Communitys.* Wiesbaden: Gabler, 1997.) Siehe auch Philipp Gerbert, Dirk Schneider und Alex Birch: *The Age of E-Tail: Conquering the New World of Electronic Shopping* (Oxford: Capstone Publishing, 2001), 132.

14  Venkatraman und Fenderson: »Business Platforms for the 21st Century«, 286.

15  Siehe Ohmae: »Godzilla Companies of the New Economy«.

16  Ibid.

17  Timmers: *Electronic Commerce*, 16.

18  Siehe Dipak Jain: »Managing New Product Development for Strategic Competitive Advantage«, in: *Kellog on Marketing*, Hrsg. Dawn Iacobucci (New York: John Wiley & Sons, 2000), 130–148.

19  Siehe Kazuaki Ushikubo: »A Method of Structure Analysis for Developing Product Concepts and Its Applications«, *European Research* 14, Nr. 4 (1986): 174–185. Siehe auch Marieke K. de Mooij und Warren Keegan: »Lifestyle Research in Asia«, in: *Marketing Insights for the Asia* Pacific,

Hrsg. Siew Meng Leong, Swee Hoon Ang und Chin Tiong Tan (Portsmouth, NH: Heinemann, 1996), 87–89.

20 John Hagel III und Marc Singer: »Unbundling the Corporation«, *Harvard Business Review* 77, Nr. 2 (März-April 1999), 133–141; siehe auch Don Tapscott, David Ticoll und Alex Lowy: *Digital Capital: Harnessing the Power of Business Webs* (Boston: Harvard Business School Press, 2000), 9. (Dt.: *Digital Capital. Von den erfolgreichsten Geschäftsmodellen profitieren.* Frankfurt/New York: Campus, 2001, 20.), und Keyur Patel und Mary Pat McCarthy: *Digital Transformation* (New York: McGraw-Hill, 2000), 18. (Dt.: *Effektiver im E-Business. Gute Ideen schnell umsetzen.* München: FinanzBuch Verlag, 2001.)

21 Hagel und Singer: »Unbundling the Corporation«.

22 David C. Edelman und Dieter Heuskel: »When to Deconstruct«, in: *Breaking Compromises: Opportunities for Action in Consumer Markets from the Boston Consulting Group*, Hrsg. Michael J. Silverstein und George Stalk Jr. (New York: John Wiley & Sons, 2000), 29–30.

23 Deloitte Touche Tobmatsu International: *The Future of Retail Financial Services: A Global Perspective*, 1995 (interne Veröffentlichung).

24 Deise, Nowikow, King und Wright: *Executive's Guide to E-Business*, xxiii–xxiv.

25 Ibid., 10.

26 Gerbert, Schneider und Birch: *The Age of E-Tail*, 129.

27 Bovet und Martha: *Value Nets*, 97.

28 Gerbert, Schneider und Birch: *The Age of E-Tail*, 129. Siehe auch Vandermerwe: *Customer Capitalism*, xiii.

29 Timmers: *Electronic Commerce*, 27–28.

## Kapitel 3

1 Raymond Yeh, Keri Pearlson und George Kozmetsky: *Zero Time: Providing Instant Customer Value – Every Time, All the Time!* (New York: John Wiley & Sons, 2000), 45.

2 Joseph Pine II und James H. Gilmore: *The Experience Economy: Work Is Theatre & Every Business a Stage* (Boston: Harvard Business School, 1999), 173. (Dt.: *Erlebniskauf. Konsum als Ereignis, Business als Bühne,*

*Arbeit als Theater.* München: Econ, 2000.) Siehe auch Sandra Vander-merwe: *Customer Capitalism: Increasing Returns in New Market Spaces* (London: Nicholas Brealey, 1999), 54.

3   Robert Jones: *The Big Idea* (London: HarperCollins Business, 2000), 27.

4   Ibid., 3, 13.

5   Pine und Gilmore: *The Experience Economy,* 94.

6   Ibid., 3.

7   Steven Wheeler und Evan Hirsh: *Channel Champions* (San Francisco: Jossey-Bass, 1999), 195.

8   Robert Baldock: *Destination Z: The History of the Future* (New York: John Wiley & Sons, 1999), 5.

9   Ibid., xviii.

10  Martin V. Deise, Conrad Nowikow, Patrick King und Amy Wright, *Executive's Guide to E-Business: From Tactics to Strategy* (New York: John Wiley & Sons, 2000), 143.

11  Ibid., xxx-xxxv.

12  David C. Edelman und Saba Malak: »Winning a Segment of One at a Time«, in: *Breaking Compromises: Opportunities for Action in Consumer Markets from the Boston Consulting Group,* Hrsg. Michael J. Silverstein und George Stalk Jr. (New York: John Wiley & Sons, 2000), 95.

13  Ibid.

14  Felix Barber: »To Your Health«, in: *Breaking Compromises,* Hrsg. Silverstein und Stalk, 85.

15  Jones: *The Big Idea,* 37.

16  Zitiert in Michael J. Earl: »Every Business is an Information Business«, in: *Mastering Information Management,* Hrsg. Donald A. Marchand, Thomas H. Davenport und Tim Dickson (London: Financial Times Prentice Hall, 2000), 18–19.

17  Pine und Gilmore: *The Experience Economy,* 4. (Dt.: *Erlebniskauf.*) Siehe auch Jones: *The Big Idea,* 65.

18  *CarPoint* bietet Informationen rund um das Thema Auto an, von Nachrichten und Tests über Händlerinformationen und umfassenden Modellverzeichnissen bis hin zu einem Händlersuchdienst. *Microsoft Investor* hilft einzelnen Anlegern, ihre Investitionen zu recherchieren, zu planen, auszuführen und zu überwachen. *Investor* bietet Nachrichten, Kommen-

tare, Angebote, Portfolioüberwachung, Informationen über Entwicklungen und Marktinformationen sowie direkte Links zum Online-Handel mit *Charles Schwab, E*TRADE, Fidelity Investments* und *DSFBdirect*. *Home-Advisor* wickelt Hypothekenanträge über das Internet ab und bietet Informationen rund um den Immobilienkauf an, etwa Hinweise auf Immobilienmakler, Verzeichnisse von zum Verkauf stehenden Häusern und ein Grundstücksbewertungsprogramm. Siehe Ravi Kalakota und Marcia Robinson: *E-Business: Roadmap for Success* (Reading, MA: Addison-Wesley, 1999), 1. (Dt.: *Praxishandbuch E-Business. Der Fahrplan zum vernetzten Zukunftsunternehmen*. München: Financial Times, 2001.)

19 David Edelman und Dieter Heuskel: »When to Deconstruct«, in: *Breaking Compromises*, Hrsg. Silverstein und Stalk, 28–29.

20 Kevin Werbach: »Syndication: The Emerging Model for Business in the Internet Era«, *Harvard Business Review* 78, Nr. 3 (Mai-Juni 2000): 84–93.

21 Amir Hartman und Jon Sifonis, mit John Kador: *Net Ready: Strategies for Success in the E-conomy* (New York: McGraw-Hill, 2000), 12, 14. (Dt.: *net ready. Das Handbuch für Ihre erfolgreiche Onlinestrategie*. Frankfurt/New York: Campus, 2001, 47, 49.)

22 Guy Kawasaki: *Rules for Revolutionaries* (New York: HarperBusiness, 1999), 6. (Dt.: *Gesetze für Revolutionäre*. München: Econ, 2001.)

23 World Economic Forum und Booz, Allen & Hamilton: *Creating the Organizational Capacity for Renewal: The Strategic Leadership Program* (2000). Siehe <http://www.boozonline.com> für weitere Informationen.

## Kapitel 4

1 Keyur Patel und Mary Pat McCarthy: *Digital Transformation* (New York: McGraw-Hill, 2000), 2. (Dt.: *Effektiver im E-Business. Gute Ideen schnell umsetzen*. München: FinanzBuch Verlag, 2001.)

2 Rita Gunther McGrath und Ian MacMillan: *The Entrepreneurial Mindset* (Boston: Harvard Business School Press, 2000), 93.

3 Siehe Craig Terrill und Arthur Middlebrooks: *Market Leadership Strategies for Service* (Lincolnwood, IL: NTC Business Books, 1999), 42.

4  Amir Hartman und Jon Sifonis, mit John Kador: *Net Ready: Strategies for Success in the E-conomy* (New York: McGraw-Hill, 2000), 42–43. (Dt.: *net ready. Das Handbuch für Ihre erfolgreiche Onlinestrategie*. Frankfurt/New York: Campus, 2001, 81.)

5  Ian C. MacMillan und Rita Gunther McGrath: »Discovering New Points of Differentiation«, *Harvard Business Review* 75, Nr. 4 (Juli-August 1997), 133–145.

6  Philip Kotler: *Kotler on Marketing* (New York: The Free Press, 1999), 40.

7  McGrath und MacMillan: *The Entrepreneurial Mindset*, 94.

8  Mohanbir Sawhney: »Making New Markets«, *Business 2.0*, Mai 1999, 116–121.

9  Siehe W. Chan Kim und Renée Mauborgne: »Creating New Market Space: A Systematic Approach to Value Innovation Can Help Companies Break Free from the Competitive Pack«, *Harvard Business Review* 77, Nr. 1 (Januar-Februar 1999), 83–93.

10  Martin Linstrom und Tim Frank Andersen: *Brand Building on the Internet* (London: Kogan Page, 2000), 44.

11  Vikas Mittal und Mohanbir Sawhney: »Managing Learning to Lock in Consumers«, in: *Mastering Marketing* (London: Financial Times, 1999), 192.

12  Linstrom und Andersen: *Brand Building on the Internet,* 126.

13  Sandra Vandermerwe: *Customer Capitalism: Increasing Returns in New Market Spaces* (London: Nicholas Brealey, 1999), 7–8.

14  Hartman und Sifonis: *Net Ready,* 62. (Dt.: *net ready. Das Handbuch für Ihre erfolgreiche Onlinestrategie*. Frankfurt/New York: Campus, 2001, 103.)

15  Ibid. 63. (Dt.: *net ready. Das Handbuch für Ihre erfolgreiche Onlinestrategie*. Frankfurt/New York: Campus, 2001, 104.)

16  David Bovet und Joseph Martha: *Value Nets: Breaking the Supply Chain to Unlock Hidden Profits* (New York: John Wiley & Sons, 2000), 77–79. (Dt.: *Value Nets. Maßgeschneiderte Erfüllung von Kundenwünschen.* Landsberg: Moderne Industrie, 2001.)

17  Ibid.

18  Ibid.

19  Don Tapscott, David Ticoll und Alex Lowy: *Digital Capital: Harnessing the Power of Business* Webs (Boston: Harvard Business School Press, 2000), 97. (Dt.: *Digital Capital. Von den erfolgreichsten Geschäftsmodellen profitieren.* Frankfurt/New York: Campus, 2001, 130.)

20 Bovet und Martha: *Value Nets*, 52.

21 Ibid.

22 Mohanbir Sawhney und Philip Kotler: »Marketing in the Age of Information Democracy«, in: *Kellogg on Marketing*, Hrsg. Dawn Iacobucci (New York: John Wiley & Sons, 2000), 386–408.

23 Ward Hanson: *Principles of Internet Marketing* (Cincinnati, OH: South-Western College Publishing, 2000), 200–201.

24 Joseph Pine II und James H. Gilmore: *The Experience Economy: Work ist Theatre & Every Business a Stage* (Boston: Harvard Business School Press, 1999), 93.

25 Siehe Martha Rogers und Don Peppers: *The One-to-One Future: Building Relationships One Customer at a Time* (New York: Doubleday, 1993). (Dt.: *Die Eins-zu-Eins-Zukunft. Strategien für ein individuelles Kundenmarketing.)* Siehe auch Hanson: *Principles of Internet Marketing*, 204–207.

26 Siehe Hanson: *Principles of Internet Marketing*, 207. Siehe auch Bovet und Martha: *Value Nets*, 51–52.

27 Hanson: *Principles of Internet Marketing*, 202.

28 Bovet und Martha: *Value Nets*, 95.

29 Paul Timmers: *Electronic Commerce: Strategies and Models for Business-to-Business Trading* (New York: John Wiley and Sons, 2000), 43; Vandermerwe, *Customer Capitalism*, xiv.

30 Ravi Kalakota und Marcia Robinson: *E-Business: Roadmap for Success* (Reading, MA: Addison-Wesley, 1999), 34. (Dt.: *Praxishandbuch E-Business. Der Fahrplan zum vernetzten Zukunftsunternehmen* München: Financial Times, 2001.)

31 Kelvin Kelly: *New Rules for the New Economy* (New York: Viking, 1998), 15. (Dt.: *NetEconomy. Zehn radikale Strategien für die Wirtschaft der Zukunft*. München: Econ, 1999.)

32 Patel und McCarthy: *Digital Transformation*, 54.

33 Guy Kawasaki: *Rules for Revolutionaries* (New York: HarperBusiness, 1999), 16.

34 Vandermerwe: *Customer Capitalism*, xiii.

35 Kalakota und Robinson: *e-Business*, 330. (Dt.: *Praxishandbuch E-Business. Der Fahrplan zum vernetzten Zukunftsunternehmen* München: Financial Times, 2001.)

## Kapitel 5

1 Keyur Patel und Mary Pat McCarthy: *Digital Transformation* (New York: McGraw-Hill, 2000), 59.

2 Philipp Gerbert, Dirk Schneider und Alex Birch: *The Age of E-Tail: Conquering the New World of Electronic Shopping* (Oxford: Capstone Publishing, 2001), 79.

3 Ibid., 32–33.

4 Michael J. Cunningham: *B2B: How to Build a Profitable e-Commerce Strategy* (Cambridge, MA: Perseus Publishing, 2001), 9. (Dt.: *B2B-Geschäftsbeziehungen im Internet.* München: Financial Times, 2001.)

5 Siehe John Hagel III und Marc Singer: *Net Worth* (Boston: Harvard Business School Press, 1999). (Dt.: *Net Value. Der Wert des digitalen Kunden.* Wiesbaden: Gabler, 2000.)

6 Martin Linstrom und Tim Frank Andersen: *Brand Building on the Internet* (London: Kogan Page, 2000), 279–280).

7 Martin V. Deise, Conrad Nowikow, Patrick King und Amy Wright: *Executive's Guide to E-Business: From Tactics to Strategy* (New York: John Wiley & Sons, 2000), 114–115.

8 Sirkka L. Jarvenpaa und Stefano Grazioli: »Surfing Among Sharks: How to Gain Trust in Cyberspace«, in: *Mastering Information Management,* Hrsg. Donald A. Marchand, Thomas H. Davenport und Tim Dickson (London: Financial Times Prentice Hall, 2000), 198.

9 Ibid.

10 Amir Hartman und John Sifonis, mit John Kador: *Net Ready: Strategies for Success in the E-conomy* (New York: McGraw-Hill, 2000), 126–128. (Dt.: *net ready. Das Handbuch für Ihre erfolgreiche Onlinestrategie.* Frankfurt/New York: Campus, 2001, 175–177.)

11 Zitiert in Ward Hanson: *Principles of Internet Marketing* (Cincinnati, OH: South-Western College Publishing, 2000), 192.

12 Hartman und Sifonis: *Net Ready,* 130. (Dt.: *net ready. Das Handbuch für Ihre erfolgreiche Onlinestrategie.* Frankfurt/New York: Campus, 2001, 180.)

13 Siehe Steven Kaplan und Mohanbir Sawhney: »E-Hubs: The New B2B Marketplaces«, *Harvard Business Review* 78, Nr. 3 (Mai-Juni 2000), 97–103.

14 Zitiert in Cunningham: *B2B*, 48–49.

15 Ibid., 12–13. Weitere Informationen über B2B-Infomediäre siehe Mohanbir Sawhney: »Making New Markets«, *Business 2.0*, Mai 1999.

16 Der zweite Unterschied in der Beschaffung liegt darin, wie Produkte und Dienstleistungen gekauft werden. Unternehmen können die benötigten Produkte kurzfristig bei wechselnden Anbietern (Spot Sourcing) oder systematisch bei langfristigen Lieferanten beschaffen (Systematic Sourcing). Bei der unregelmäßigen Bedarfsdeckung lautet das Ziel des Käufers, ein unmittelbares Bedürfnis zu den niedrigstmöglichen Kosten zu erfüllen. Ein Beispiel dafür ist der Handel mit Öl, Stahl und Energie. Käufer und Verkäufer auf diesen Märkten haben selten eine langfristige Beziehung. Meist wissen die Käufer gar nicht, von welchem Anbieter sie eigentlich kaufen. Dagegen setzt die systematische Beschaffung direkte Preis- und Vertragsverhandlungen mit qualifizierten Lieferanten voraus. Da die Verträge meist langfristig sind, entwickeln beide Seiten oft enge Beziehungen. Siehe Kaplan und Sawhney: »E-Hubs«.

17 Richard Wise und David Morrison: »Beyond the Exchange: The Future of B2B«, *Harvard Business Review* 78, Nr. 6 (November-Dezember 2000), 86–96.

## Kapitel 6

1 Arthur M. Hughes: *Strategic Database Marketing*, 2. Aufl. (New York: McGraw Hill, 2000).

2 Thierry Chassaing, David C. Edelman und Lynn Segal: »Customer Retention: Beyond Bribes and Golden Handcuffs«, in: Michael J. Silverstein und George Stalk J.: *Breaking Compromises: Opportunities for Action in Comsumer Markets from the Boston Consulting Group* (New York: John Wiley and Sons, 2000), 103–104.

3 Siehe W. Chan Kim und Renee Mauborgne: »Creating New Market Space: A Systematic Approach to Value Innovation Can Help Companies Break Free from the Competitive Pack«, *Harvard Business Review* 77, Nr. 1 (Januar-Februar 1999), 83–93.

4 Informationen anonym erteilt durch eine Direktmarketingfirma.

5 Ibid., 17–27.

6   Carl Sewell und Paul Brown: *Customers for Life* (New York: Pocket Books, 1990), 162. (Dt.: *Kunden fürs Leben. Die Erfolgsformel für mehr Service und Kundenzufriedenheit.* Wiesbaden: Gabler, 1996.)

7   Zitiert in Don Peppers und Martha Rogers: *The One to One Future* (New York: Currency, 1993), 37–38.

8   Dies ist eine vereinfachte Version des Modells in Roland T. Rust, Valarie A. Zeithaml und Katherine N. Lemon: *Driving Customer Equity: How Customer Lifetime Value Is Reshaping Corporate Strategy* (New York: The Free Press, 2000).

9   Harris Gordon und Steven Roth: »The Need for a Market-Intelligent Enterprise (MIE),« in: *Customer Relationship Management,* Hrsg. Stanley A. Brown (New York: John Wiley & Sons, 2000), 26.

10   Ibid., 23, 27.

11   Martin V. Deise, Conrad Nowikow, Patrick King und Amy Wright: *Executive's Guide to E-Business: From Tactics to Strategy* (New York: John Wiley & Sons, 2000), 17–18.

12   Siehe Philipp Kotler: *Kotler on Marketing* (New York: The Free Press, 1999), 15, 29, 116.

13   Stanley Brown: »E-Channel Management«, in *Customer Relationship Management,* Hrsg. Stanley A. Brown (New York: John Wiley & Sons, 2000).

14   Ibid.

15   Deise, Nowikow, King and Wright: *Executive's Guide to E-Business,* 64.

16   Ibid., 64–65.

17   Ibid., 103–110.

18   Siehe Don Tapscott, Alex Lowy und David Ticoll, Hrsg.: *Blueprint to the Digital Economy: Creating Wealth in the Era of E-Business* (New York: McGraw-Hill, 1998), 30.

19   Andrew Serwer: »Michael Dell Turns the PC World Inside Out – He's Selling Computers As Fast as He Can Make Them, Putting a Scare«, *Fortune,* September 1997. Siehe <http://www.business2.com/articles/mag/0,1640, 2679,FF.html>.

20   Deise, Nowikow, King und Wright: *Executive's Guide to E-Business,* 72–76.

21   Ibid., 73–74.

22   N. Venkatraman und John C. Henderson: »Business Platforms for the 21st Century«, in: *Mastering Information Management,* Hrsg. Donald A. Mar-

chand, Thomas H. Davenport und Tim Dickson (London: Financial Times Prentice Hall, 2000), 287.

23  Siehe Ravi Kalakota und Marcia Robinson: *E-Business: Roadmap for Success* (Reading, MA: Addison-Wesley, 1999), 90–92. (Dt.: *Praxishandbuch E-Business. Der Fahrplan zum vernetzten Zukunftsunternehmen* München: Financial Times, 2001.)

24  Brian O'Connell: *B2B.com: Cashing-in on the Business-to-Business E-Commerce Bonanza* (Holbrook, MA: Adams Media Corporation, 2000), 175–176.

## Kapitel 7

1  Paul Timmers: *Electronic Commerce: Strategies and Models for Business-to-Business Trading* (New York: John Wiley & Sons, 2000), 15.

2  Harris Gordon und Steven Roth: »The Need for a Market-Intelligent Enterprise (MIE)«, in: *Customer Relationship Management,* Hrsg. Stanley A. Brown (New York: John Wiley & Sons, 2000), 26.

3  Chuck Martin: *Net Future* (New York: McGraw-Hill, 1999), 33.

4  Ibid.

5  Ibid.

6  Ibid.

7  Ward Hanson: *Principles of Internet Marketing* (Cincinnati, OH: South-Western College Publishing, 2000), 127.

8  Paul Sonderegger mit Harley Manning, Randy Souza, Hollie Goldman, John P. Dalton: »Why Most B-To-B Sites Fail«, Forrester-Bericht, Dezember 1999. Nähere Informationen siehe <http://www.forrester.com>.

9  Soumitra Dutta: »Lessons from the Internet Leaders«, in: *Mastering Information Management,* Hrsg. Donald A. Marchand, Thomas H. Davenport und Tim Dickson (London: Financial Times Prentice Hall, 2000), 319.

10  Philipp Gerbert, Dirk Schneider und Alex Birch: *The Age of E-Tail: Conquering the New World of Electronic Shopping* (Oxford: Capstone Publishing, 2001), 132–133.

11  Robert Jones: *The Big Idea* (London: HarperCollins Business, 2000), 48.

12  Hanson: *Principles of Internet Marketing,* 209–212.

13 Martin Linstrom und Tim Frank Andersen: *Brand Building on the Internet* (London: Kogan Page, 2000), 212.

14 Ibid., 216–217.

15 Raymond T. Yeh, Keri E. Pearlson und George Kozmetsky: *Zero Tie: Providing Instant Customer Value – Every Time, All the Time!* (New York: John Wiley & Sons, 2000), 60.

16 Hanson: *Principles of Internet Marketing*, 308–309.

17 Linstrom und Andersen: *Brand Building on the Internet*, 222–223.

18 Emanuel Rosen: *The Anatomy of Buzz: Creating Word-of-Mouth Marketing* (London: HarperCollins Business, 2000), 42–50. (Dt.: *Net-Geflüster*. München: Econ, 2000.)

19 Ibid., 96–97.

20 Ibid., 25–26.

21 Martin V. Deise, Conrad Nowikow, Patrick Kind und Amy Wright: *Executive's Guide to E-Business: From Tactics to Strategy* (New York: John Wiley & Sons, 2000), 42. Siehe auch Gerbert, Schneider und Birch: *The Age of E-Tail*, 154.

22 John Gaffney: »The Battle Over Internet Ads«, *Business 2.0*, 25. Juli 2001.

23 Linstrom und Andersen: *Brand Building on the Internet*, 251.

24 Ibid., 251.

25 Ibid. 253.

26 Robert Zeff und Brad Aronson: *Advertising on the Internet* (New York: John Wiley & Sons, 1999), 56–57.

27 Linstrom und Andersen: *Brand Building on the Internet*, 253–254.

28 Ibid., 255.

29 Ibid.

30 Siehe Cliff Allen, Deborah Kania und Beth Yaeckel: *Internet World: Guide to One-to-One Web Marketing* (New York: John Wiley & Sons, 1998), 119. Siehe auch Linstrom und Andersen: *Brand Building on the Internet*, 255.

31 Linstrom und Anderson: *Brand Building on the Internet*, 258–259.

32 Hanson: *Principles of Internet Marketing*, 333.

33 Ibid., 331–332.

34 Amir Hartman und John Sifonis, mit John Kador: *Net Ready: Strategies for Success in the E-conomy* (New York: McGraw-Hill, 2000), 130–131. (Dt.: *net ready. Das Handbuch für Ihre erfolgreiche Onlinestrategie*. Frankfurt/New York: Campus, 2001, 85.)

## Kapitel 8

1 Ward Hanson: *Principles of Internet Marketing* (Cincinnati, OH: South-Western College Publishing, 2000), 225.

2 Don Tapscott, Alex Lowy und David Ticoll, Hrsg.: *Blueprint to the Digital Economy: Creating Wealth in the Era of E-Business* (New York: McGraw-Hill, 1998), 228.

3 Steven Wheeler und Evan Hirsh: *Channel Champions* (San Francisco: Jossey-Bass Publishers, 1999), 191.

4 Siehe <http://www.travelocity.com>.

5 Nick Earle und Peter Keen: *From .Com to .Profit* (San Francisco: Jossey-Bass, 2000), 118. (Dt.: *Von .com zu .profit. Strategien für das Electronic Business der 2. Generation.* Wiesbaden: Gabler, 2001.)

6 Robert Plant und Leslie P. Willcocks: »Moving to the Net: Leadership Strategies«, in: *Mastering Information Management*, Hrsg. Donald A. Marchand, Thomas H. Davenport und Tim Dickson (London: Financial Times Prentice Hall, 2000), 221.

7 Deloitte Touche Tobmatsu International: *The Future of Retail Financial Services: A Global Perspective*, 1995 (interne Veröffentlichung).

8 Peter S. Cohan: *E-Profit* (New York: McGraw-Hill, 1999), 129.

9 Chuck Martin: *Net Future* (New York: McGraw-Hill, 1999), 33.

10 Ranhay Gulati und Jason Garino: »Get the Right Mix of Bricks and Clicks«, *Harvard Business Review* 78, Nr. 3 (Mai-Juni 2000), 107–114.

11 Philipp Gerbert, Dirk Schneider und Alex Birch: *The Age of E-Tail: Conquering the New World of Electronic Shopping* (Oxford: Capstone Publishing, 2001), 53.

12 Siehe <http:www.thesynergyonline.com/infotech.thm>.

## Kapitel 9

1 Martin Linstrom und Tim Frank Andersen: *Brand Building on the Internet* (London: Kogan Page, 2000), 221.

2 Agnieszka M. Winkler: *Warp Speed Branding: The Impact of Technology on Marketing* (New York: John Wiley & Sons, 1999), 68.

3 John J. Sviokla: »Virtual Value and the Birth of Virtual Markets«, in *Sense and Respond: Capturing Value in the Network Era*, Hrsg. Stephen P. Bradley und Richard L. Nolan (Boston: Harvard Busines School Press, 1998), 228.

4 Linstrom und Andersen: *Brand Building on the Internet*, 222.

5 Ibid.

6 Winkler: *Warp Speed Branding*, 56.

7 Ibid.

8 Chuck Martin: *Net Future* (New York: McGraw-Hill, 1999), 133–135.

9 Ibid., 19.

10 Ibid., 132.

11 Sviokla: »Virtual Value and the Birth of Virtual Markets«, 228.

12 Siehe <http://www.pcworld.com/news/article/0,aid,44542,00asp>.

13 Keyur Patel und Mary Pat McCarthy: *Digital Transformation* (New York: McGraw-Hill, 2000), 27.

14 Martin V. Deise, Conrad Nowikow, Patrick Kind und Amy Wright: *Executive's Guide to E-Business: From Tactics to Strategy* (New York: John Wiley & Sons, 2000), 148.

15 Amir Hartman und John Sifonis, mit John Kador: *Net Ready: Strategies for Success in the E-conomy* (New York: McGraw-Hill, 2000), 57. (Dt.: *net ready. Das Handbuch für Ihre erfolgreiche Onlinestrategie*. Frankfurt/New York: Campus, 2001, 98.)

16 David Bovet und Joseph Martha: *Value Nets: Breaking the Supply Chain to Unlock Hidden Profits* (New York: John Wiley & Sons, 2000), 255.

17 Philipp Gerbert, Dirk Schneider und Alex Birch: *The Age of E-Tail: Conquering the New World of Electronic Shopping* (Oxford: Capstone Publishing, 2001), 56.

18 Ranjay Gulati und Jason Garino: »Get the Right Mix of Bricks and Clicks«, *Harvard Business Review* 78, Nr. 3 (Mai-Juni 2000): 112–114.

19 Ibid., 114.

20 Siehe Henry Mintzberg, Bruce Ahlstrand und Joseph Lampel: *Strategy Safari: A Guided Tour Through the Wilds of Strategic Management* (New York: Free Press, 1998). (Dt.: *Strategy Safari. Eine Reise durch die Wildnis des strategischen Managements*. Frankfurt: Ueberreuter Wirtschaft, 1999). Siehe auch Deloitte Touche Tobmatsu International: *The Future of Retail Financial Services: A Global Perspective*, 1995 (interne Veröffentlichung).

21 Raymond Yeh, Keri Pearlson und George Kozmetsky: *Zero Time: Providing Instant Customer Value – Every Time, All the Time!* (New York: John Wiley & Sons, 2000), 64.

22 Don Tapscott, David Ticoll und Alex Lowy: *Digital Capital: Harnessing the Power of Business Webs* (Boston: Harvard Business School Press, 2000), 200–201. (Dt.: *Digital Capital. Von den erfolgreichsten Geschäftsmodellen profitieren.* Frankfurt/New York: Campus, 2001, 251–252).

23 Siehe <http:www.netmarketingservice.com/MarketAnalysis/MA002-012999.htm>.

24 Adrian Slywotzky und David Morrison: *How Digital Is Your Business? Creating the Company of the Future* (New York: Crown Publishers, 2000).

# Nachwort zur deutschen Ausgabe von Malte W. Wilkes

## Die 7 Faszinationen des Philip Kotler

Ein Guru, ein internationaler Marketing-Guru: *Das* ist Philip Kotler. Das indische Wort (von gu = Dunkelheit und ru = retten) bezeichnet jemanden so, der andere aus der Dunkelheit errettet. Welch ein schönes Bild für einen Marketing-Experten.

Diese Ehrenbezeichnung kommt nicht von ungefähr, Kotler trägt sie völlig zu Recht. Er gilt als weltweit bedeutendster und profiliertester Marketing-Experte. Ein »Guru-Check« zeigt uns seine Faszinationen.

### 1. Kotler beherrscht und zeigt das Fundamentale

In diesem Buch, das als *das* Strategiebuch für das virtuelle Marketing gesehen werden muss, setzt Kotler beim Fundamentalen an, wenn er die neun wichtigen Veränderungen der (digitalen) Wirtschaft als Ausgangsbasis für alle Überlegungen macht: 1. die Informationsfülle, 2. Produkte im Überfluss für alle und jeden, 3. das Sense-and-Respond-Konzept, 4. die unumkehrbare Globalität, 5. das neue Phänomen der zunehmenden Skalenerträge, 6. die Besitz- statt Eigentumsorientierung seitens der Kunden, 7. das geistige Führen von Märkten, 8. der bisher kaum denkbare Einzelkundenmarkt und 9. die Echtzeitprozesse.

Das hat mehrere Konsequenzen für die Praxis. Zunächst müssen sich Unternehmen mit diesen gravierenden Veränderungen der Marktgesetze beschäftigen und die individuelle Umsetzung einleiten. Aber: Ist es nicht so, dass in der dynamischen Entwicklung des Marketing immer wieder neue Begriffe auftauchen, neue Methoden diskutiert werden, eigentümliche Sprach- und Gedankenkreationen entwickelt werden? Wie häufig muss man feststellen, dass die Beteiligten und Betroffenen bei ähnlichen Worten völlig unterschiedliche Inhalte meinen oder den Sachverhalt gar nicht kennen?

> ▶ Kotler hilft hier. Man sollte seine Werke zur Pflichtlektüre in Unternehmen machen. So schafft man eine identische Gedankenwelt, eine klare gemeinsame Struktur und die notwendigen Kommunikations- und Planungsgrundlagen für ein modernes Marketing.

## 2. Kotler bietet zwei Marketing-Welten an

Der internationale Marketing-Guru war zu keiner Zeit nur Wissenschaftler. Er reiht sich nicht in die Schreiber ein, deren Werk der formalen Form einer Habilitation nahe kommt, deren praktische, operative Aussage für die Anwendung aber auf einen Bierdeckel passt. Das liegt daran, dass er auch immer *praktischer* Unternehmensberater war. Er hat Unternehmen mit internationaler Ausrichtung wie IBM, General Electric, AT&T, Honeywell, Bank of America oder General Motors von innen gesehen und geformt. Er ist gerade deshalb wichtig für die Praxis und jeden Marketing-Praktiker, weil er wissenschaftlich generierte Methode und empirisch gewonnene Erkenntnis ohne Zögern verbindet und verschmelzt.

So ist die in diesem Buch dargestellte »Strategie der drei Räume« (kognitiver Raum des Kunden, Kompetenzraum des Unternehmens und Ressourcenraum der Partner) einerseits eine akademisch ausgearbeitete Strategiearchitektur, wird aber ohne Probleme in bekannte, einfache und zukunftsträchtige operative Systeme heruntergebrochen.

> ◢ Auch das ist eine Lehre für unternehmerische Arbeit: Die reine praktische Erfahrung wird isoliert auf Dauer ebenso wenig Märkte treiben und gestalten helfen, wie die isoliert, sklavisch umgesetzte wissenschaftliche Erkenntnis. Die Kombination macht es.
> Unternehmen brauchen beide Elemente, doch sind sie nach meiner Erfahrung selten für die Implementierung von Know-how gut aufgestellt. Ihnen fehlt zu oft der Knowledge-Manager. Das ist einer der Gründe, warum Unternehmensberater wie Kotler häufig einen »Methodenvorsprung« besitzen, da sie für ihren Beruf die Nutzung von praktischer Erfahrung und (!) wissenschaftlicher Methode als Arbeitsvoraussetzung betrachten. Kotler bietet beides, weil er Wissenschaftler *und* Praktiker gleichzeitig ist.

## 3. Kotler ist eine Marke, die eine Marke macht

Die Marke ist ein soziales Zeichen, für deren Bildung man Markentechniken einsetzt. Hans Domizlaff[1], mein deutscher Marken-Guru, definierte 22 Grundgesetze der natürlichen Markenbildung. Marken- und Monopolbildung ist Vertrauensbildung. Genau das ist dem S. C. Johnson Distinguished Professor of International Marketing Philip Kotler für sich selbst gelungen. Nirgendwo hat er falsche Hypothesen verfolgt, niemals hat er unsinnige Methoden preferiert.

Damit hat er eine andere Marke, nämlich die der *J. L. Kellogg Graduate School of Management* an der *Northwestern University* in den USA mitentwickelt und geprägt. Diese Ausbildungsstätte strahlte zunächst durch und dann mit ihm und wurde so selbst weltberühmt.

Auch in *Marketing der Zukunft* lässt Kotler die ungeheuere Bedeutung der Markenentwicklung nicht aus dem Auge und formuliert: »Clevere Unternehmen entwickeln Marken, mit denen sie ihre Versprechen halten können. Sie gehen noch weiter, indem sie ständig neue Werte suchen, um ihren Kunden das Leben zu erleichtern und ihre Zufriedenheit zu steigern.«

▶ Produkt- oder Dienstleistungsmarken, so können wir daraus analog ableiten, beeinflussen immer auch Corporate- oder Unit Branding. Product- und Corporate Branding haben hoch sensible wechselseitige Beziehungen, die es strategisch zu entwickeln gilt und deren gegenseitige Abhängigkeiten aktiv zu steuern sind. Kotler und Kellogg sind lebende Beispiele dafür.

## 4. Kotler integriert die Besten

So mancher Guru entlarvt sich selbst, wenn man ihn daraufhin überprüft, ob er Abhängigkeiten an seine Ideenwelt zu schaffen sucht. Das sind Menschen, die sich nur selbst zitieren und die großartigen Erkenntnisse anderer negieren. Kotler ist ohne Scheu. Wer die Marketing-Weltliteratur nicht dauernd studiert hat oder studieren kann, der wird sie bei ihm erfahren. Er wird zum Beispiel Martha Rogers und Don Peppers[2] kennen lernen, die das System des *One-to-One-Marketing* entwickelt haben. Oder er wird von Joseph Pine II und James H. Gilmore[3] lernen, die sich mit *Dramaturgie im Marketing* auseinandersetzen. Kotler erhöht sich nicht dadurch, dass er anderen den Kopf abschlägt, sondern indem er anderen Gurus aufmerksam lauscht und ihre Erkenntnisse in sein Strategie- und Methodenangebot unverdeckt integriert.

▶ Kotler wird mit dieser Methode auch Vorbild für das Marketing von Unternehmen. Nicht die extreme Wettbewerbsorientierung führt zum Erfolg, sondern die Integration der Erkenntnisse und Benchmarks der Besten in die eigenen Marktangebote.

## 5. Kotler versteht etwas von Allianzen

Wenn der Guru zum Einsiedler wird, versteinert er. Nicht nur die Wissenstransformation von anderen, sondern die aktive Zusammenarbeit mit Gleichgesinnten führt zu wirklicher Best Practice. Das vorliegende Buch ist ein Beweis dafür: Dipak C. Jain und Suvit Maesincee sind eigenständige Denker mit eigener Reputation. Kotler hat mit ihnen das *Marketing der Zukunft* beschrieben. Genauer gesagt: Kotler hat mit seinen Kollegen eine der wesentlichen möglichen Zukünfte des Marketing detailliert aufgearbeitet, denn *die* Zukunft wird es mit Sicherheit nicht geben. Zwei Dinge können wir daraus für unsere Unternehmen lernen:

▶ Erstens – Allianzen geht man am besten mit den Besten ein. Ein Läufer und ein Lahmer werden nämlich im Verbund nicht schneller, sondern kommen möglicherweise überhaupt nicht ans Ziel.

▶ Zweitens – ein Unternehmen kann mehrere Zukünfte haben. Eine Unit eine Zukunft, zwei Units zwei Zukünfte. Oder: eine Marke eine Zukunft, zwei Marken zwei Zukünfte. Marketing-Manager müssen oft Sowohl-als-auch-Entscheidungen treffen – für jede der jeweiligen Marktzukünfte eine individuell eigenständige.

## 6. Kotler animiert zum Weiterdenken

Ein guter Guru animiert seine Zuhörer und Leser, seine Mandanten und Klienten, ohne ihn weiterzugehen. Er beschreibt, möglichst knapp, das *what-* und das *why to do*. Und dann fordert er heraus, das *how to do* selber zu entwickeln und zu gestalten.

Wer hindert uns daran, auch unsere Mitarbeiter nach relativen Zukunftschancen zu bezahlen? Umsatz oder Deckungsbeiträge zu »verprovisionieren«, honoriert ausschließlich die Vergangenheit des Unternehmens. Bei jedem Kunden können wir aber in der Zukunftswelt des Marketing die Umsatzchance der Zukunft prognostizieren und später mit den tatsächlichen Gegebenheiten vergleichen. Diese Chance lässt sich nutzen.

> ▶ Stellen wir folgende Überlegung an: Wenn ein Kunde uns eine E-Mail schickt, ist es für unsere Chance auf Umsatz besser, als würden wir nie etwas von ihm hören. Wenn ein Kunde an unserer Promotion im Web teilnimmt, ist es für unsere Umsatzchance besser, als wenn er nicht teilgenommen hätte. Also: Mit jeder qualitativ besseren Kundenaktivität steigt unsere Umsatz- und damit Zukunftschance bei diesem speziellen, potenziellen Kunden. Wir könnten, so lese ich aus *Marketing der Zukunft* heraus, unseren Außendienst also sogar danach honorieren, mit welchem Erfolg er zukünftige Kunden zu Aktivitäten (!) mit uns animiert. Die Taten des Kunden werden – je nach Bedeutsamkeit der Tat unterschiedlich – im variablen Entlohnungsteil des zuständigen Mitarbeiters honoriert.
>
> ▶ Wenn dieser Gedankengang stimmt, so könnten wir zusätzlich untersuchen, ob wir sogar den Kunden für seine Kontaktaktivitäten (etwa Teilnahme an einem Produktworkshop oder Probeeinsatz des Produktes), die für uns hochqualifizierte Zukunfts-

chancen darstellen, nicht auch direkt bezahlen sollten. Wenn zum Beispiel Teilnehmer einer Produktdemonstration wesentlich schneller oder intensiver unser Produkt kaufen, so könnte man diese zukünftigen Kunden für ihre Teilnahme an der Demonstration sogar bezahlen. Tatsächlich: Bisher mussten wir als Autohersteller die Kunden zu einer Probefahrt von vielleicht einer Stunde oft überreden. Doch ist die Chance, unser Auto zu verkaufen, nicht wesentlich höher, wenn man dem Kunden einen Schleuderkursus mit unserem Wagen anbietet und ihn dafür sogar bezahlt?

Das wäre auszuprobieren und genau zu berechnen. Kotler animiert mich weiterzudenken – und auch für diese Aufgabenstellung bleibt er ein wichtiger Mentor.

## 7. Kotler ist systematischer Innovator

Überhaupt ist es ja die Tat, um die es geht, nicht nur der Gedanke. Joseph Alois Schumpeter[4], mein Innovations-Guru, formulierte bereits 1912: »Dann aber gibt es noch eine geringere Minorität – und diese handelt … Die Folgen, die eine Niederlage für ihn [den Innovatoren] haben muss, beachtet er nicht. Sehr gleichgültig ist ihm, was seine Genossen und Übergenossen zu seinem Unternehmen sagen werden, und seine tägliche Arbeit hat ihn nicht kraft- und mutlos gemacht … Es ist die Tat, die ihn lockt.«

Kotler war in vielen Fragen einer der Ersten. Manche seiner Innovationen, wie das vorliegende Buch über die radikale Kundenorientierung, ergibt sich aus der Systematik. Ja, schon das Systematische kann auch das Neue sein.

Innovationen muss man konsequent managen[5]. Da gibt es keinen Zweifel. Schumpeter formulierte vor über 90 Jahren dazu: »So ist also die Energie das entscheidende Moment und nicht die ›Einsicht‹ allein. Letztere ist viel häufiger, ohne dass sie zur einfachsten Tat führt. Auf die Disposition zum Handeln kommt es an.«

Kotler knüpft hier nahtlos an und fordert immer wieder zur Tat auf. Hier zeigt sich sein Pragmatismus, wenn er in diesem Buch formuliert: »Wollen die Unternehmen die Vorteile des ganzheitlichen Marketing voll ausschöpfen, müssen sie ihre wichtigen Geschäftsfunktionen und Prozesse digitalisieren.« Punkt. Hier wird die Tat eingefordert.

▶ Das *Marketing der Zukunft* ist also beileibe nicht nur ein Lesebuch, sondern ein Buch für Marketing-Täter. Auf das – und da bin ich mir sicher, dass Kotler so denkt – jeder seiner Leser, Zuhörer oder Mandanten in seinem Geschäft selber ein Guru wird.

*Malte W. Wilkes ist Ehrenpräsident des BDU Bundesverband Deutscher Unternehmensberater, Geschäftsführender Gesellschafter des IFAM Institut für angewandte Marketing-Wissenschaften in Düsseldorf sowie Buchautor zu den Themen Management, Marketing, Vertrieb und Kommunikation. Er ist Autor des Marketing-Romans »Good Life« (Campus 2002).*

1  Domizlaff, Hans: *Die Gewinnung des öffentlichen Vertrauens. Ein Lehrbuch der Markentechnik*; neu zusammengestellt, Hamburg 1982.

2  Rogers, Martha; Peppers, Don: *The One-to-One Future. Building Relationships One Customer at a Time*, New York 1993.

3  Pine, Joseph B.; Gilmore, James H.: *The Experience Economy. Work is Theatre & Every Business a Stage*, Boston 1999. Und: *Willkommen in der Erlebnisökonomie*. In: Harvard Business Manager, Hamburg 1/99.

4  Schumpeter, Joseph Alois: *Theorie der wirtschaftlichen Entwicklung*, Leipzig 1912.

5  Wilkes, Malte W.; IFAM Institut Düsseldorf: *Die Innovationsspirale. Das Erfolgssystem für gezielte Produktplanung und -vermarktung*, Landsberg 2001.

# Firmenregister

1-800-Flowers  94, 157
3M  43, 58

ABC  170
ACNielsen  163
Acumins.com  26
Aegon  87
Alladvantage.com  182
Altra Energy  139
Amazon.com  22, 34, 62, 69, 75, 78,
    79, 91, 92, 104, 122, 123, 129,
    131, 154, 171, 172, 183, 185,
    193, 194, 215
America Online (AOL)  22, 75, 78,
    133, 180, 183, 202
American Airlines  22, 201
American Baby  77
American Express  58
Apple  95, 174
Ariba  139, 164
Armani  184
Autobytel  201, 203
Autoweb.com  63
Autoxchange  130
Avon  170

Bang & Olufson  92
Bank of America  156
Barclays Group  93
Barnes & Noble  110, 194
Bass Pro Shops  195
BigCharts.com  98
Bloomberg  93, 147
BMW  124
Boeing  60, 213
Booksamillion.com  203
Boots  94
Borders  110, 113
Bose  121
BP  94
Bridge Information Systems  98
Britannica.com  133
British Gas  93
British Telecom  93
BroadVision  117
Buy.com  34, 91, 200
Buycom.com  91

Calyx & Corolla  163
CarPoint  95, 114, 131
CDNow.com  156, 171

Cemex  122, 191, 214
Charles Schwab  58, 62, 75, 193, 194, 214
Chrome  136
Cisco Systems  33, 75, 93, 112, 160, 176, 179, 214
Citibank  194, 201, 207
CNN  58, 184
Coca-Cola  67
Comcast  91
Compaq  33
CompareNet  91, 130
Coolsavings.com  37
Covisint  134
CyberDocs.com  35

DailyDeals.com  34
Dell Computer  25, 33, 40, 59, 68, 78, 89, 104, 115, 119, 123, 146, 154, 161, 179, 191, 214, 215
Direct Line  112
Disney  43, 75, 91, 92, 170, 201
Dive!  89

E*Trade  22, 91, 98, 193
EasyJet  122
EBay  22, 131, 133, 186, 203
E-Citi  207
Ecompare.com  28, 29
Edmunds.com  63, 121, 129, 134, 203
EDventure Holdings Inc.  19
Egg  206
Egghead Software  136, 196
E-LOAN  136
Energis  94
Entergy  58
E-Plastics  137
Ericsson  158

Ernie.ex.com  35
Ernst & Young  124
E-Schwab  206
E-STEEL  131, 137
Ethanallen.com  35

FAO Schwartz  89
FastParts.com  136
FedEx  27, 43, 58, 75, 87, 114, 136, 137, 163, 210, 211
Financial Times  202
Firefly  131
Fogdog Sports  77
Ford  45, 59, 130
Forrester Research  142, 171
FreeRide.com  69
Freesamples.com  37, 70

Gap.com  70, 88, 122
Gartner  142
Gateway  68, 76, 115
GE Aircraft Engines  191
GE Trading Process Network  75, 186
General Electric  19, 45, 130
General Motors  45, 154, 190
Geocities  204
Gibson Guitars  170
Gillette  22
Grainger  36, 139

Hard Rock Café  89
Harley Davidson  63
Hertz  89, 157
Hewlett-Packard  64
Home-Advisor  95
Homepoint.com  193
Honda  59, 184

I2 Technologies 164
I3d.com 68
IBM 19, 21, 33, 163, 200
IC3D.com 26
IKEA 92
Ingram 91, 130, 193
Intel 75, 89, 163, 171
IShip 131
IVillage.com 35, 77, 176, 200, 201

J. C. Penney 170
Jaguar 124
Java 62
Johnson & Johnson 182
Jordan's Furniture 89

Kodak 22, 111, 147
Kraft Foods 163

L. L. Bean 43
Landsend.com 70, 157
Levi.com 68, 89
Lexus 124
Liberty Mutual 169
LifeQuote 203
Liz Claiborn 75
LoopNet 136
Lutron 89
Lycos 133

Mandarin Oriental 121
Marriot Corporation 46
Mattel 119
MBNA 156
McKenna 132
MeetWorldTrade 137
Mercedes 112, 124
Merck 190

Merrill Lynch 194
MetalSite 78
Microsoft 90, 91, 95, 112, 114, 124,
    214
Mobil 94
Mondex 112
Monsanto 30
Motley-fool.com 63
MSNBC 182, 184
Muji 88
MyPoints.com 69
MySimon.com 34, 69, 204

Netcentives 69
Netmarket.com 63
Netscape 60, 202
New York Times 88, 117
News Corporation 90
NewsLibrary 203
Nike 39, 89, 95

Office Depot 195
Oracle 75, 159, 164, 185, 200, 214

PaperSpace 139
Peapod.com 70, 89, 112
PeoplePC 203
PeopleSoft 159
PhotoNet 111
Plymouth Rock Assurance Corp.
    123
Pollutiononline.com 63
Price Watch 185
Priceline.com 22, 34, 68
Procter & Gamble 28, 33, 97, 120,
    162, 170
Prodigy 204
Prudential 206

QVC 93

Rand Merchant Bank 87
Reflect.com 68
REI 195
Renault 30
Reuters 93, 98, 147
Ritz-Carlton 89, 118

SAP 159
Sarah Lee 39
Saturn 92, 174
SCA 110
Schlumberger 106
SciQuest 139
Sears.com 35
Sega of America 194
Select Comfort 89
Seven-Eleven Japan 94
Shell 94
Siebel Systems 164
Skandia 88
Sonic.com 26
Sony 58, 71, 75, 92, 204
Southwest Airlines 92, 121
Sports Illustrated 147
Sprout 113
Standard Oil 45
Starbucks 92
StarChefs 79
Sun Microsystems 61, 117, 200
Supersonic Boom 119
Swatch 106

Talbots 169
The British Council 94
The Home Depot 28, 88
Theknot.com 129
Time Warner 90
Toyota 59
Toys-R-Us 122
Travelocity.com 91, 94, 122, 133,
    134, 192
Trilogy 164

U. S. Postal Service 179
United Parcel Service 105, 137

ValueStar.com 135
Volkswagen 90

Wall Street Journal 202
Wal-Mart 33, 120, 122, 192
Watcronline.com 63
Wells Fargo 194
Weyerhaeuser 115, 191
Wired 113, 184

Xerox 46

Yahoo! 22, 60, 131, 133, 171, 180,
    183, 192, 213
Yesmail.com 131
YOUtilities.com 139

ZDNet.com 138
Ziff Davis 138